KB006370

이야기가
있는
서울길

2018년 4월 20일 초판 1쇄 찍음
2018년 4월 30일 초판 1쇄 펴냄

....

지은이   최연
펴낸이   이상
디자인   그루아트(이수현) gruart1@gmail.com
펴낸곳   가갸날

....

주 소   10386 경기도 고양시 일산서구 강선로 49 BYC 402호
전 화   070 8806 4062
이메일   gagyapub@naver.com
블로그   blog.naver.com/gagyapub
페이지   https://www.facebook.com/gagyapub

....

ISBN   979-11-87949-18-3

....

이 도서의 국립중앙도서관 출판예정도서목록(CIP)은
서지정보유통지원시스템 홈페이지(http://seoji.nl.go.kr)와
국가자료공동목록시스템(http://www.nl.go.kr/kolisnet)에서
이용하실 수 있습니다. (CIP제어번호: CIP2018010419)

서울 인문역사기행

이야기가
있는
서울길

최 연 지음

가갸날

길을 떠나며

서울은 무척 넓고 깊습니다.

서울이 역사적으로 주목받기 시작한 시기는 삼국이 한강유역을 서로 차지하려고 치열하게 싸우던 삼국시대로, 한반도의 패권을 잡기 위해 한강은 반드시 차지해야 할 전략적 요충지였습니다.

고려시대에는 남쪽 수도라는 뜻의 남경이었고, 조선 개국 후에는 새로운 도읍 한양이 세워졌으며, 열강의 틈바구니에서 망국의 한을 고스란히 감당한 대한제국이 일본에 합병되는 마지막 순간을 맞이한 곳이기도 합니다.

이렇듯 서울은 여러 시대를 거치면서 정치, 경제, 문화의 중심지로서 다양한 문화유적을 남겼으며, 개항 이후 서구문화가 유입되면서 펼쳐 놓은 근대문화유산 또한 곳곳에 산재해 있어, 서울이 부려놓은 역사 문화유산은 그 넓이와 깊이를 가늠하기 어려울 정도입니다.

그럼에도 그 깊이와 넓이만큼 온전하게 제 모습을 다 보여주지 못하는 아쉬움이 있습니다. 임진왜란과 병자호란으로 많은 문화재가 불타 없어졌고, 일제강점기에는 의도적으로 우리 문화유산을 훼절 왜곡시켰으며, 한국전쟁의 참화도 겪어야 했습니다. 그나마 남아 있던 유적들은 산업화시대의 개발 논리에 의해 무참히 짓밟혀 버렸습니다.

이런 연유로 지금 접하고 있는 서울의 문화유산은 점으로 존재할 수밖에 없습니다. 만시지탄이지만 이러한 점들을 하나하나 모아 선으로 연결하고, 그 선들을 쌓아서 면을 만들고, 그 면들을 세워 입체적인 온전한 서울의 문화유산으로 재구성하여야 할 것입니다.

비록 역사유물은 남아 있지 않더라도 신화, 전설, 역사서, 지리지, 세시풍속기, 풍수지리지 등이 구전과 기록으로 전해지고 있어 어느 정도는 의존할 수 있겠지만, 그 기록들도 한계가 있기 때문에 부족한 부분은 '역사적 상상력'으로 보완해야 할 것입니다.

최근의 관심 콘텐츠는 '걷기'와 '스토리텔링'입니다. 두 콘텐츠를 결합한 '이야기가 있는 서울 길'이 서울의 문화유산을 둘러보는 인문역사기행에 소박한 길잡이가 되기를 바라는 마음입니다. 정도의 차이는 있지만 대략 5시간 정도 걷는 거리의 코스로 구성되어 있습니다. 수차례의 현장답사를 통해 개발하고 '서울학교' 역사기행을 통해 지난 6년 동안 검증한 콘텐츠들입니다.

서울학교 4기 개강과 함께 그동안 숙제처럼 미루어두었던 여러 동무들의 피땀 어린 성과물을 묶어 책으로 세상에 내놓는 감회가 새롭습니다. 6년 동안 함께 길동무가 되어주었던 서울학교 학생 여러분들, 그리고 좋은 사진을 제공해 준 김순태 님께 특별한 감사의 마음을 전합니다.

이 책은 길 떠나는 이들의 나침반 정도의 역할을 할 뿐입니다. 문화유산의 보고인 서울, 그 길을 함께 나서는 길동무들의 상상력이 더해져서 입체적인 '서울 이야기'는 비로소 완성될 것입니다.

2018년 4월
인문학습원 서울학교장 최 연

차 례

서울의 주산 백악과
삼청동천 길

기행 코스

한양의 주산인 백악과 그곳에서 발원하는 삼청동천과
일반인들에게 잘 알려지지 않은 서울의 속살 같은 그윽한 계곡,
백사실 계곡에 남아 있는 문화유적을 둘러보는 여정

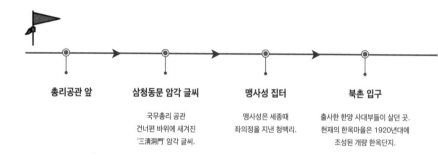

총리공관 앞

삼청동문 암각 글씨
국무총리 공관
건너편 바위에 새겨진
'三淸洞門' 암각 글씨.

맹사성 집터
맹사성은 세종때
좌의정을 지낸 청백리.

북촌 입구
출사한 한양 사대부들이 살던 곳.
현재의 한옥마을은 1920년대에
조성된 개량 한옥단지.

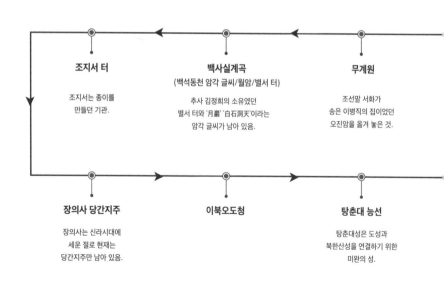

조지서 터

조지서는 종이를
만들던 기관.

백사실계곡
(백석동천 암각 글씨/월암/별서 터)

추사 김정희의 소유였던
별서 터와 '月巖' '白石洞天'이라는
암각 글씨가 남아 있음.

무계원

조선말 서화가
송은 이병직의 집이었던
오진암을 옮겨 놓은 것.

장의사 당간지주

장의사는 신라시대에
세운 절로 현재는
당간지주만 남아 있음.

이북오도청

탕춘대 능선

탕춘대성은 도성과
북한산성을 연결하기 위한
미완의 성.

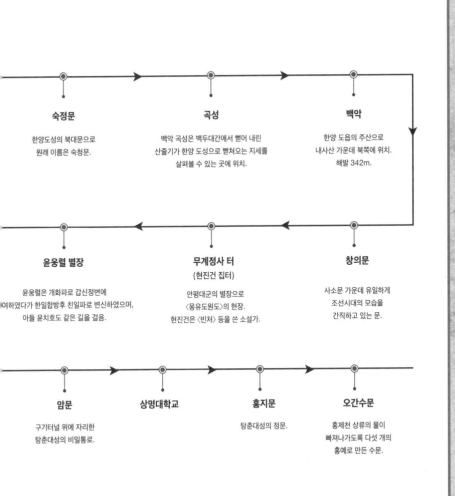

숙정문

한양도성의 북대문으로
원래 이름은 숙청문.

곡성

백악 곡성은 백두대간에서 뻗어 내린
산줄기가 한양 도성으로 뻗쳐오는 지세를
살펴볼 수 있는 곳에 위치.

백악

한양 도읍의 주산으로
내사산 가운데 북쪽에 위치.
해발 342m.

윤웅렬 별장

윤웅렬은 개화파로 갑신정변에
여하였다가 한일합방후 친일파로 변신하였으며,
아들 윤치호도 같은 길을 걸음.

무계정사 터
(현진건 집터)

안평대군의 별장으로
〈몽유도원도〉의 현장.
현진건은 〈빈처〉 등을 쓴 소설가.

창의문

사소문 가운데 유일하게
조선시대의 모습을
간직하고 있는 문.

암문

구기터널 위에 자리한
탕춘대성의 비밀통로.

상명대학교

홍지문

탕춘대성의 정문.

오간수문

홍제천 상류의 물이
빠져나가도록 다섯 개의
홍예로 만든 수문.

한양 도읍의 주산, 백악

백악白岳은 한양 도읍의 주산으로 내사산內四山 중에서 북쪽에 위치합니다. 달리 면악面岳, 공극산拱極山으로도 불리는데, 흔히들 북악北岳이라고 부릅니다. 북악 이름에 대한 역사적인 연원은 없고, 단지 일제강점기에 서울의 내사산 중에 북쪽에 있다고 북악이라 하였습니다.

백악은 국가에서 제사를 지내는 백악산신을 모시고 진국백鎭國伯에 봉하였기에 신사의 이름을 따라 그리 불렀습니다. 면악은 고려시대에 불리던 이름입니다. 남경을 설치하려고 궁궐터를 찾던 중 "삼각산의 면악 남쪽이 좋은 터"라는 문헌 기록이 남아 있는 것으로 보아, 면악 남쪽에 남경의 궁궐인 연흥전을 지은 것으로 보입니다. 그곳이 지금의 청와대 자리이고, 면악은 바로 지금의 백악을 일컫습니다. 공극산은 명나라 사신 공용경이 조선을 방문했을 때 백악을 '북쪽 끝을 끼고 있다'는 뜻으로 공극拱極이라 이름 지어준 것에서 유래하였습니다.

백악은 세 개의 수려한 골짜기를 거느리고 있습니다. 하나는 백악의 서쪽 사면을 흘러내려 경복궁의 오른쪽을 휘감아 흐르는 백운동천이고, 또 다른 하나는 백악의 동쪽 사면을 흘러내려 경복궁의 왼쪽을 휘감아 흐르는 삼청동천이며, 마지막은 도성 밖인 백악의 북서쪽 사면을 흐르는 백석동천입니다. 백운동천과 삼청동천은 도성 안의 청계천으로 흘러들

구기계곡

형제봉

탕춘대 능선   이북오도청   평창계곡

⑬ — ⑫

암문

⑭

내부순환도로

조지서 터
장의사 당간지주

상명대학교 ⑮   ⑪

백사실계곡
⑩ (백석동천 암각글씨/월암/별서 터)

홍지문/오간수문 ⑯

숙정문

⑤   ④
곡성

무계정사 터
(현진건 집터) ⑧   ⑦   ⑥   백악

창의문

출발!

윤웅렬 별장 ⑨

홍제역

3   북촌 입구

인왕산

총리공관 앞
삼청동문 암각 글씨 ①

무악재역

②
맹사성 집터
북촌
한옥마을

창덕궁

경복궁

안산

독립문역

삼청동에서 시작하여 북촌을 거쳐 한양의 주산인 백악에 오릅니다.
한양 도성을 따라 내려와 창의문에서 이북오도청 뒤 탕춘대 능선까지
자하문밖 일대를 둘러봅니다.

서울의 주산 백악(겸재 정선).

고, 백석동천은 도성 밖 홍제천으로 흘러듭니다.

백악의 동쪽과 서쪽에 자리한 삼청동천과 백운동천을 비롯하여 인왕산 아래 옥류동천, 낙산 서쪽의 쌍계동천, 목멱산 북쪽의 청학동천은 도성 안의 경치 좋은 다섯 골짜기로 꼽히던 곳입니다. 그중에서도 삼청동천을 으뜸으로 꼽았습니다.

경치 좋은 도성 안 으뜸 계곡 삼청동천

삼청三淸이란 이름은 도교의 태청太淸, 상청上淸, 옥청玉淸을 모시는 삼청전三淸殿이 있었던 곳이라서 붙여졌다고도 하고, 달리 산 맑고山淸, 물 맑고水淸, 사는 사람 또한 맑아서人淸 붙여졌다고도 합니다.

삼청동천의 다른 이름인 삼청동문三淸洞門 글씨가 국무총리 공관 건너편 바위에 새겨져 있는데, 숙종 8년(1682년)에 명필가인 김경문이 쓴 것입니다. 4백여 년이나 되는 문화유산입니다만, 지금은 아쉽게도 건물에 가려 잘 보이지 않습니다. 까치발을 하거나 발돋움하면 글씨의 윗부분만 조금 보일 뿐입니다.

수려한 골짜기를 일컬어 흔히 동천洞天이라 하고, 달리 동천洞川, 동문洞門이라고도 부릅니다. 이것은 같은 물줄기에 기대어 사는 자연부락을 일러 동洞이라 부른 데서 연유한 것으로, 특히 동천에 하늘 천天자가 사용된 것은 수려한 골짜기에 사람들만 모여 사는 것이 아니라 신선들도 하늘에서 내려와 노닐었기 때문인 것 같습니다.

삼청동천에는 옥호정이라는 김유근의 별서가 있었는데, 순조의 장인으로 외척 세도정치를 편 안동 김씨 김조순이 자신의 별서로 사용하다가 아들 김유근에게 물려준 것입니다. 옥호정은 삼청동 길의 서쪽 언덕 위, 현재의 칠보사 부근에 있었던 것으로 추정됩니다.

삼청동의 동쪽 골짜기와 서쪽 골짜기 사이에는 서촌의 다섯 사정射亭 가운데 하나로 꼽히던 운룡정이라는 활터가 있었습니다. 온전한 활터의 자취는 사라지고, 지금은 바위에 새겨진 '운룡정雲龍亭'이라는 세 글자만이 남아 있을 뿐입니다. 서촌 5사정은 삼청동의 운룡정을 비롯하여 옥인동의 등룡정登龍亭, 사직동의 대송정大松亭과 등과정登科亭 그리고 누상동의 백호정白虎亭을 일컫는 말입니다.

삼청터널에서 발원한 삼청동천은 삼청공원을 거쳐 삼청동 길을 따라 경복궁 동쪽 담장을 끼고 흐르다가 동십자각을 지나서 물줄기 이름이 중학천으로 바뀝니다. 그리고 교보문고 옆에 있던 혜정교를 지나 청계천으로 흘러듭니다. 동십자각 부근에 한양 4부학당의 하나인 중학당이 있어

국무총리 공관 앞에서 까치발을 해야 겨우 보이는 삼청동문 암각 글씨.

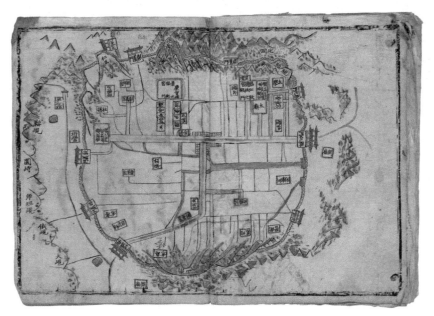

<천하산천도> 속의 한양도. 도성 안을 그린 회화식 지도.

서 중학천이라고 불렀습니다만, 지금은 복개되어 물줄기의 흔적은 찾아
볼 수 없습니다.

북촌 언덕에 한옥마을이 조성되기까지

삼청동천을 벗어나 동쪽 언덕 위로 올라서면 정겨운 한옥들이 즐비
한 것을 볼 수 있습니다. 최근에는 대부분 리모델링하여 주인의 취향에
따라 작은 박물관을 비롯한 문화시설로 바뀌거나 다양한 볼거리를 준비
하여 손님을 맞이하고 있습니다. 흔히들 이곳을 북촌이라 하여 외국인
관광 코스에 들어 있습니다만, 이는 잘못 이해한 것입니다.

한양 도성의 북대문인 숙정문.

　　원래 한양의 북촌이라 함은 출사한 사대부들이 사는 곳으로, 사대부
들의 집은 사랑채와 안채, 행랑채를 포함해 큰 규모를 지니고 있었습니
다. 종로구청 자리가 삼봉 정도전의 집터였고, 헌법재판소 자리가 갑신
정변의 주역 홍영식의 집터였으니, 그 규모를 능히 짐작할 수 있을 것입
니다.

　　한일합방 직후 통감부를 비롯한 일제의 주요 통치시설들은 흔히 남
촌이라 부르는 목멱산 아래 자리 잡고 있었는데, 1920년대에 와서 일제
는 계획적으로 청계천 너머 북촌 진출을 시도하였습니다. 총독부를 북촌
으로 이전하고, 총독부, 경성부청의 관사와 동양척식회사 직원 숙소 등
을 인근에 조성하였던 것입니다.

이에 맞서 경남 고성 출신 정세권이 1920년 우리나라 최초의 근대식 부동산개발회사 '건양사'를 설립하여 경성 전역에 근대식 한옥 단지를 조성하였습니다. 그의 개발사업은 익선동을 시작으로 가회동, 삼청동, 봉익동, 성북동, 혜화동, 창신동, 서대문, 왕십리, 행당동 등에 걸쳐 진행되었는데, 큰 한옥을 부수고 그 자리에 작은 한옥 여러 채를 지은 방식에 주목할 필요가 있습니다.

그는 좁은 한옥 공간에 안채, 사랑채, 행랑채를 트인 'ㅁ'자형으로 압축해 넣었습니다. 그리고 부엌을 입식구조로, 외부공간이던 대청마루를 내부공간의 거실로 바꾸어 일종의 '개량 한옥'을 선보였습니다. 개량 한옥의 확산은 옛 도시를 헐고 그 자리에 서양식, 일본식 주택을 지으려고 한 일본에 맞서 전통 건축양식을 지키는 효과가 있었습니다.

그리고 북촌 언덕배기에 개량 한옥 단지를 조성할 수 있었던 것은 이 산줄기가 궁궐에 딸린 정원인 유원囿園이 있던 자리였기 때문입니다. 백성들이 궁궐을 들여다볼 수 없도록 일반인의 출입을 금지한 지역이었습니다.

숙정문의 기구한 운명

이 언덕과 이어진 삼청공원을 지나 북쪽 능선을 오르면 비로소 백악의 품에 들게 됩니다. 처음 만나게 되는 것은 한양도성의 북대문인 숙정문肅靖門입니다. 숙정문의 원래 이름은 숙청문肅淸門이었습니다.

숙정문의 운명은 참으로 기구했습니다. 태종 때 풍수 학생 최양선이 창의문과 숙청문은 풍수지리적으로 경복궁의 양팔과 같으니 길을 내어

지맥을 손상시켜서는 안된다며 상소를 올려 문을 막고 통행을 금지할 것을 청하므로, 마침내 창의문과 숙청문을 폐쇄하고 그 주위에 소나무를 심었습니다.

그 이후 숙정문은 계속 닫혀 있게 되었으며, 다만 가뭄이 들어 기우제를 지내는 시기에만 문을 열었습니다. 그 이유는 음양오행사상에 따르면 북쪽은 음陰과 수水에 해당하며 남쪽은 양陽과 화火에 해당하기 때문이었습니다. 가뭄으로 기우제를 지낼 때는 북문인 숙정문을 열고 남문인 숭례문은 닫았으며, 장마가 져서 기청제祈晴祭를 지낼 때는 남문인 숭례문을 열고 북문인 숙정문을 닫았던 것입니다. 그러다가 노무현 정권 때 백악 일대를 전면 개방하며 숙정문이 열렸습니다.

이와는 달리 창의문은 인조 때부터 문이 열렸습니다. 광해군을 몰아내려는 반정 군인들이 창의문을 부수고 들어와 반정을 성공시키고 인조

성벽에 새겨진 글씨. 공사 감독관의 직책과 이름, 날짜 등이 적혀 있다.

를 등극시켰으므로, 창의문은 그들에게 개선문이었던 것입니다.

숙정문은 최양선의 상소가 없었더라도 쉽게 사용할 수 없는 지리적 여건을 갖고 있습니다. 도성의 북문으로서 성 밖을 나서면 그 길이 한양에서 원산으로 가는 경원가로로 이어져야 하는데, 삼각산과 도봉산으로 이어지는 산줄기가 앞을 가로막고 있어 사람이 쉽게 다닐 수 있는 길이 아닙니다.

숙정문 훨씬 동쪽에는 거의 평지와 다름없는 곳에 혜화문이 놓여 있습니다. 이 문을 이용하면 쉽게 경원가로를 오갈 수 있기에, 숙정문은 만들 당시부터 백성들로부터 외면당한 문이었습니다. 숙정문에서 창의문에 이르는 성곽 주위에는 태종 때 문을 폐쇄하고 소나무를 심어서 그런지는 몰라도 지금도 잘 자란 소나무가 많이 널려 있습니다.

백악 정상에 이르기 전에 성곽은 북쪽으로 툭 불거져 나갔다가 다시 제자리를 찾는데, 많이 굽은 성이라고 해서 이곳을 곡성曲城이라고 합니다. 이곳에서 북쪽을 조망해 보면 민족의 영산 백두산에서 뻗어 내린 산줄기가 어떻게 한양 도성으로 그 기운을 뻗쳐오는지 지세를 잘 살펴볼 수 있습니다. 삼각산의 세 봉우리인 백운봉, 인수봉, 만경봉에서 남쪽으로 뻗어 내린 산줄기는 보현봉과 문수봉에서 갈라집니다. 문수봉에서 서쪽으로 의상봉까지 뻗어나간 산줄기는 북한산성의 남쪽 능선을 이루고, 또 다른 한줄기는 남쪽으로 승가봉, 사모바위, 비봉, 향로봉, 수리봉을 지나 불광동 쪽으로 내려섭니다. 보현봉에서 흘러내린 산줄기는 국민대학교 뒤편의 형제봉을 지나 북악터널 위에 있는 보토현補土峴으로 내려섰다가, 북악스카이웨이가 있는 구준봉을 넘어 마침내 한양 도성의 성곽과 만나 백악에 이르고, 그 지세는 경복궁으로 이어집니다.

백악 정상에는 그다지 크지도 작지도 않은 적당한 크기의 위용을 뽐

말바위에서 바라본 백악 곡성.

내는 바위가 자리하고 있습니다. 백악 정상에서 창의문까지 내려오는 길은 깎아지른 절벽에 놓인 계단을 내려와야 하는 조금은 힘든 구간이나, 눈앞에 펼쳐진 풍광은 그야말로 장쾌하기 그지없습니다.

도성 밖 오른쪽에는 경치 좋기로 이름난 자하문 밖 세검정 일대가 문수봉에서 향로봉, 그리고 탕춘대 능선으로 이어지는 산줄기 아래 펼쳐져 있으며, 정면에는 거대한 바위 덩어리인 인왕산의 주능선이 서북쪽으로 길게 누워 있고, 그 능선을 따라 한양 도성이 하얀 띠를 두른 듯이 백악 아래 창의문으로 이어집니다.

창의문은 달리 자하문이라고도 하는데, 《조선왕조실록》은 많은 곳에서 장의문藏義門, 壯義門이라고 적고 있습니다. 창의문 올라가는 기슭에 장의동藏義洞이 있기 때문에 장의동에 있는 문, 즉 장의문으로 쉽게 불렸던 것 같습니다.

백악 정상에 있는 바위.

창의문도 숙정문과 마찬가지로 최양선의 건의에 따라 태종시대부터 문이 폐쇄되었습니다만, 인조반정 때 홍제원에 집결한 반정군이 세검정을 거쳐 창의문을 통해 창덕궁을 장악함으로서 반정에 성공하였습니다. 이때 도끼 한 자루로 창의문을 열었다고 합니다.

반정 공신들에게는 창의문이 개선문과 같은 것이어서 이때부터 문이 다시 열리게 됩니다. 특히 영조는 이곳에 들러 반정을 기리는 시를 짓고, 공신들의 이름을 현판에 새겨 창의문에 걸게 하였습니다. 현판은 지금까지 전해져 내려오고 있습니다.

겸재 정선이 그린 그림 속의 창의문.

도성 바깥에서 바라본 창의문의 옛 모습.

창의문의 도성 안쪽 모습.

〈몽유도원도〉의 현장을 찾다

창의문을 지나 부암동 주민 센터 옆길로 인왕산을 오르는 골목길에는 안평대군의 별장인 무계정사 터, 개화파이면서 일제에 충성한 친일파 윤웅렬의 별장, 옛 오진암을 옮겨 세운 무계원이 자리 잡고 있습니다.

무계정사는 세종의 셋째아들 안평대군의 별장입니다. 안평대군이 박팽년과 꿈속에서 함께 노닐던 도원桃園을 찾아보다가 이곳에 이르러 이곳이다 하고 무계정사를 지었다고 합니다. 안평대군이 당대 최고의 화가 안견에게 꿈 이야기를 들려주고 그리게 한 것이 〈몽유도원도夢遊桃園圖〉입니다. 무계정사 터는 '현진건 집터' 안쪽에 있으며, 그 아래 동쪽 바위에는 안평대군의 글씨라고 전해지는 '무계동武溪洞'이라는 암각 글씨가 남아 있습니다.

윤웅렬은 개화파로서 갑신정변 때 형조판서에 임명되었으나 3일 천하로 끝나는 바람에 화순 능주로 유배를 갔다가 1894년 갑오개혁 때 군부대신에 오른 사람입니다. 이어 '춘생문 사건'으로 상해로 도망갔으나 몇 년 뒤 귀국하여 다시 법무대신이 되었으며, 한일합방 이후에는 일본으로부터 남작의 작위를 받는 등 친일파로 변신했다가 1911년에 세상을 떠나게 됩니다. 그의 아들 윤치호는 독립협회와 신민회를 통해 민족계몽운동을 전개하고 대성학교의 교장도 지낸 바 있으나, 1911년 105인 사건으로 3년간 옥살이를 하고 나와서는 아버지가 걸어왔듯이 친일 행각을 하게 됩니다.

윤웅렬의 별장은 처음에는 서양식 2층 벽돌집만 있었으나 상속 받은 셋째 아들 윤치창이 1930년대에 안채, 사랑채, 행랑채, 광채를 구비한 한옥을 증축하였습니다. 지금의 주인은 윤씨가 아닌 다른 사람으로 바뀌

안평대군의 글씨라고 전해지는 암각 글씨.

었습니다.

　무계원은 조선말 서화가인 송은 이병직의 집이었던 오진암을 옮겨 놓은 것입니다. 오진암은 1970년대에 삼청각, 대원각과 더불어 요정정치의 중심에 있었으며, 특히 7·4남북공동성명을 도출해 낸 역사적인 장소이기도 합니다. 종로구 익선동에 있었으나 그곳에 호텔이 들어서면서 부암동 지금의 자리로 옮겨왔습니다. 기와만 옛 오진암 것을 사용하고, 목재는 모두 새로운 것으로 바꾸었습니다. 지금은 서울시 소유로 회의와 세미나 장소로 임대를 해줍니다.

백석동천에서 세검정까지

　창의문을 나서 오른쪽으로 부암동 가는 산등성이를 오르면 북악에서 서쪽으로 뻗친 산줄기를 만나게 됩니다. 백석동천으로 이어지는 산줄기로 최근 이 산등성이에는 조그마한 카페들이 많이 들어섰고, 지금도 길가 빈터마다 카페 짓기에 여념이 없습니다.

　백석동천은 달리 백사실白沙室 계곡이라고도 하며, 별칭 때문에 계곡에 남아 있는 별서 터가 백사白沙 이항복의 유적지로 잘못 알려지기도 했습니다. 하지만 이항복과는 아무런 연관이 없습니다.

　백사실의 원래 이름은 백석실白石室이었습니다. 임진왜란을 전후하여 허진인許眞人이 개척하였고, 한때는 추사 김정희의 별서였다가 1830년대에 중건되었습니다. 박규수의 《환재집》에는 백석정이 허진인이 독서하던 곳이라 기록되어 있고, 김정희의 《완당전집》에는 "선인仙人이 살던 백석정을 예전에 사들였다"는 기록이 나옵니다.

백사실 계곡에 남아 있는 김정희의 별서 터.

백석동천 암각 글씨.

겸재 정선의 그림 〈백운동〉.

현재 빈터에 남아 있는 많은 주춧돌로 미루어 보건대 1830년대에 지어진 6백여 평의 별장이 있던 곳으로 추정됩니다. 유적지 서쪽 언덕 위에는 월암月巖이라고 새겨진 바위가 있고, 계곡 상류에는 백석동천白石洞天이라는 글씨가 새겨진 바위가 있습니다. 백석이란 흰 돌산인 백악을 중국의 명산인 백석산白石山에 비견하여 지은 이름입니다.

자하문은 창의문의 다른 이름으로, '자하문 밖'이라 함은 지금의 세검정, 평창동, 구기동, 부암동, 신영동 일대를 말합니다. 능선이 내려서는 곳에 백석동천이 있고, 그 산줄기가 끝나는 곳에 세검정과 조지서 터 그리고 탕춘대 터가 있습니다.

이곳은 오위영五衛營의 하나로 도성 밖 북쪽을 경비하는 총본영인 총융청이 있던 곳입니다. 이곳의 지명이 신영동新營洞인 것은 새로운 군영이 들어서서 그렇게 불렀던 것입니다.

지금의 세검정초등학교 자리에는 백제와의 황산벌 전투에서 장렬히 전사한 장춘랑과 파랑, 두 화랑을 기리기 위해 신라시대에 세워진 장의사라는 절이 있었는데, 연산군 대에 이 절을 작파하고 놀이터로 만들었습니다. 그 이름도 '봄에 질펀하게 논다'는 뜻으로 탕춘대蕩春臺라 하였습니다.

장의사의 유적은 세검정초등학교 운동장 한 귀퉁이에 당간지주만 남아 전해지고 있을 뿐입니다. 조선시대에 와서는 총융청이라는 군대가 이곳에 주둔했고, 가까

장의사 당간지주.

이에 군수품을 지원하기 위한 평창平倉이 들어섰습니다. 이러한 역사적 사실은 평창동과 신영동이라는 마을 이름으로 전해지고 있습니다.

세검정洗劍亭이라는 명칭은 인조반정 때 반정의 주역들이 칼을 씻었다고 붙여진 이름이라는 설이 있는데, 그보다는 총융청이 이곳에 있었기에 훈련을 마친 병사들이 쉬면서 칼을 씻었다는 설이 더 설득력이 있는 것 같습니다. 세검洗劍이란 단순한 칼을 씻는 행위가 아니라 칼을 씻어 칼집에 넣어둠으로써 더 이상 칼을 사용할 필요가 없다는 뜻의 평화를 상징하는 단어이기도 합니다.

또한 이곳에는 조지서造紙署가 있었는데 계곡물이 너무 맑아 한 번 사용한 한지의 먹물을 씻어내고 넓은 바위에서 말려서 다시 종이로 만들던 곳입니다.

현재의 세검정.

시인 묵객들이 즐겨 찾던 세검정의 옛 모습.

미완의 성으로 남은 탕춘대성

북한산 향로봉에서 인왕산으로 뻗어 있는 능선 위에는 허물어진 것 같은 산성의 흔적이 남아 있는데 이것을 탕춘대성이라고 부릅니다. 숙종 대에 한양 도성과 북한산성을 연결하기 위해 쌓다가 중단한 미완의 성입니다.

서해로 침입한 적들이 한강의 난지도 어름에서 홍제천을 따라 쳐들어오면 바로 닿는 곳이 한양 도성의 북소문인 창의문 밖입니다. 이러한 지리적 특성으로 북한산성과 한양도성 사이가 방어에 허술하여 도성 방위를 위해 보조 성인 탕춘대성을 쌓기로 하였던 것입니다.

애초에는 북한산성의 문수봉에서 서남쪽으로 뻗어 나온 산줄기인 향로봉에서 한양도성의 인왕산에 이르는 부분과 북한산성의 보현봉에서 남동쪽으로 뻗은 산줄기인 형제봉에서 보토현을 지나 한양 도성의 북악에 이르는 부분에 성을 쌓을 계획이었습니다. 하지만 인왕산에 이르는 부분만 공사를 시작하였고, 그것도 미완성의 상태로 그치고 말았습니다.

탕춘대성은 쌓다가 중단한 성이지만 세 곳에 유적이 남아 있습니다. 하나는 구기터널 위에 위치한 암문이고 나머지 둘은 상명대학교 앞에 있는 홍지문과 오간수문입니다. 성을 쌓게 되면 사람이 왕래할 문을 내야 하고, 물이 흐를 수 있도록 물길도 내야 합니다. 홍지문은 탕춘대성에서 사람이 다니는 공식적인 정문이고, 암문은 비공식적인 비밀통로입니다. 정문은 누각이 있고, 암문은 누각이 없습니다. 오간수문은 물이 지나갈 길을 다섯 개의 홍예문으로 만들어 놓았다고 해서 그리 일컫습니다. 홍지문은 한양 도성의 북쪽에 있는 문이므로 한북문漢北門이라고도 하였으나, 숙종이 친필로 '홍지문弘智門'이라는 편액을 하사하여 달면서 이것이

쌓다가 그만둔 탕춘대성의 흔적.

탕춘대성에 남아 있는 암문.

자하문밖의 물이 빠져나가는 홍제천 상류의 오간수문.

탕춘대성의 정문인 홍지문.

공식적인 명칭이 되었습니다. 1715년(숙종 41)에 건축되어 1921년까지 탕춘대 성문의 역할을 하였습니다. 1921년 홍수로 붕괴되어 50여 년간 방치되어 오다가 1977년 탕춘대성과 함께 복원하였습니다. 지금의 현판은 복원 당시 대통령이던 박정희의 글씨입니다.

인왕산과
옥류동천 길

기행 코스

한양의 우백호이면서 살구꽃이 바위와 잘 어울리는 절경이라서
한양의 경치 좋은 다섯 곳 중의 하나로 꼽혔던 인왕산과
옥류동천을 둘러보는 여정

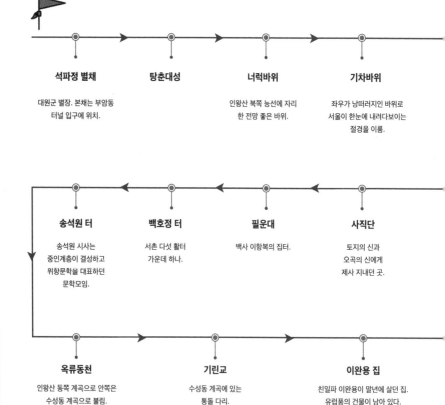

석파정 별채

대원군 별장. 본채는 부암동
터널 입구에 위치.

탕춘대성

너럭바위

인왕산 북쪽 능선에 자리
한 전망 좋은 바위.

기차바위

좌우가 낭떠러지인 바위로
서울이 한눈에 내려다보이는
절경을 이룸.

송석원 터

송석원 시사는
중인계층이 결성하고
위항문학을 대표하던
문학모임.

백호정 터

서촌 다섯 활터
가운데 하나.

필운대

백사 이항복의 집터.

사직단

토지의 신과
오곡의 신에게
제사 지내던 곳.

옥류동천

인왕산 동쪽 계곡으로 안쪽은
수성동 계곡으로 불림.

기린교

수성동 계곡에 있는
통돌 다리.

이완용 집

친일파 이완용이 말년에 살던 집.
유럽풍의 건물이 남아 있다.

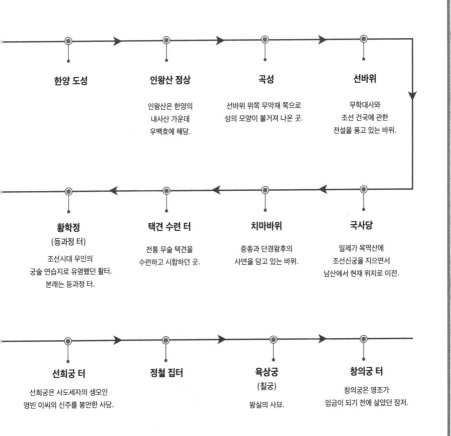

한양 도성

인왕산 정상

인왕산은 한양의
내사산 가운데
우백호에 해당.

곡성

선바위 위쪽 무악재 쪽으로
성의 모양이 불거져 나온 곳.

선바위

무학대사와
조선 건국에 관한
전설을 품고 있는 바위.

황학정
(등과정 터)

조선시대 무인의
궁술 연습지로 유명했던 활터.
본래는 등과정 터.

택견 수련 터

전통 무술 택견을
수련하고 시합하던 곳.

치마바위

중종과 단경왕후의
사연을 담고 있는 바위.

국사당

일제가 목멱산에
조선신궁을 지으면서
남산에서 현재 위치로 이전.

선희궁 터

선희궁은 사도세자의 생모인
영빈 이씨의 신주를 봉안한 사당.

정철 집터

육상궁
(칠궁)

왕실의 사묘.

창의궁 터

창의궁은 영조가
임금이 되기 전에 살았던 잠저.

인왕산은 한양의 내사산 가운데 우백호右白虎에 해당하며, 달리 필운산弼雲山이라고도 합니다. 인왕산이 임금이 머무는 궁궐의 오른쪽에 있어 "군주는 오른쪽에서 모신다右弼雲龍"는 의미로 필운산이라 하였던 것입니다. 이항복의 집이 있던 필운대弼雲臺라는 지명도 여기에서 나왔습니다. 인왕산이 품고 있는 계곡을 옥류동천玉流洞天이라고 합니다.

겸재 정선이 그린
〈인왕제색도〉.

〈인왕제색도〉를 방불케 하는
인왕산의 풍경.

출발!

상명대학교

① 세검정삼거리

②

석파정 별채

탕춘대성 ③

너럭바위 ④

백악

기차바위 ⑤

한양 도성 ⑥

정철생가 터

선희궁 터 ⑳

인왕산 ⑦

⑲

육상궁(칠궁) ㉑

옥류동천 ⑱ 이완용 집

기린교 ⑰ ⑯

곡성 ⑧

⑮ 인경궁 터

송석원 터

필운대

선바위 ⑨

⑭

국사당 ⑩ ⑪

배화

창의궁 터

무악재역

⑫

여자대학교

㉒

독립문역

택견

수련 터 황학정

⑬

사직단

경복궁역

경복궁

세검정에서 출발하여 한양의 내사산 중 우백호에 해당하는 인왕산을 남으로
종주합니다. 다음에는 사직단, 필운대, 기린교, 선희궁, 육상궁 등
인왕산 동쪽 서촌 일대의 답사가 이어집니다.

기암괴석과 송림이 어우러진 인왕산 기슭

인왕산이 동쪽으로 부려놓은 터전이 넓고 수려하여 경희궁, 인경궁, 자수궁, 사직단이 들어섰을 뿐만 아니라, 맑은 계곡에 기암괴석과 송림이 어우러져 조선 사대부들의 살림터와 정자가 많았습니다. 세종과 송강 정철이 이곳에서 태어났으며, 영조의 잠저潛邸인 창의궁, 안평대군이 살았던 수성동의 비해당, 이항복의 집터 필운대, 서인庶人과 중인들의 시회詩會를 열어 위항문학을 부흥시킨 천수경의 정원인 송석원이 이곳에 자리하고 있었습니다.

반면에 인왕산이 북쪽으로 부려놓은 터전은 수려하고 그윽하기는 하나 넓지 못하여 안평대군의 무계정사, 대원군의 석파정 등 왕족의 별장이 몇 채 있었을 뿐입니다.

대원군의 별장이었던 석파정 별채.

석파정石坡亭의 원래 이름은 삼계정三溪亭이었습니다. 삼각산의 문수봉과 보현봉 그리고 북악 사이로 흘러내리는 세 물줄기가 하나로 모여 홍제천이 되어 난지도(현재의 하늘공원)에서 불광천과 만나 한강으로 합류하는데, 세 물줄기가 모이는 계곡이 시작되는 곳에 지은 별장이라고 삼계정이라고 하였습니다.

삼계정은 철종 대에 영의정을 지낸 안동 김씨 세도정치의 중심인물인 김흥근의 별장이었으나, 고종이 즉위하면서 대원군이 잠시 머물기로 하고는 그냥 눌러 앉아 자신의 것으로 만들어버렸습니다. 대원군은 정자의 이름을 석파정으로 바꾸고, 자신의 호도 석파라 하였습니다.

석파정의 본채는 부암동 터널 입구 본래의 자리에 그대로 있고, 별채는 서예가 손재형이 자신의 한옥을 지을 때 사들여 지금의 위치로 옮겼습니다. 별채는 '대원군 별장'으로 명명되어 본채와 무관하게 서울시 무

인왕산 북쪽 능선에 오르면 만날 수 있는 소나무 길.

인왕산 정상에서 바라본 한양 도성.

형문화재로 별도 지정되었는데, 한국식과 중국식이 혼합된 새로운 건축 양식을 보여주고 있어 건축사에 중요한 자료로 평가받고 있습니다.

'대원군 별장'을 나와 홍제동 쪽으로 인도를 따라 조금만 가면 왼쪽으로 인왕산에 오르는 나무계단이 나타납니다. 조금 가파른 산자락을 올라간 자리에서는 탕춘대성과 만나게 됩니다. 산성은 일부만 연결되어 있고, 도중에 끊겨 있습니다.

인왕산의 북쪽 능선은 사람들이 잘 찾지 않는 한적한 곳으로, 대부분의 사람들이 창의문에서 바로 인왕산에 오르기 때문입니다. 능선에 올라 호젓한 소나무 길을 걸어가면 도시에서 켜켜이 쌓인 때가 말끔히 씻기는 상쾌함을 느낄 수 있습니다.

능선에 자리한 너럭바위에 앉아 바라보는 북한산 산줄기는 아름답기 그지없습니다. 멀리 북쪽으로는 보현봉, 문수봉, 승가봉, 사모바위, 비봉, 향로봉, 수리봉으로 연결되는 능선이 남서쪽으로 달려가고, 동쪽에는 보현봉에서 형제봉을 지나 구준봉, 백악에 이르는 능선이 뻗어 있습니다.

두 능선 사이의 계곡이 아름다운 바위와 맑은 물로 유명한 한양 5경의 하나인 '세검정 계곡'입니다. 달리 경치 좋은 곳으로 통칭되는 '자하문 밖'이라고도 하는데, 자하문은 창의문의 다른 이름입니다. 지금의 세검정, 평창동, 구기동, 부암동 신영동 일대 모두가 '자하문 밖'에 해당합니다.

소나무 길을 잠시 벗어나면 좌우가 낭떠러지인 유명한 기차바위가 나타납니다. 이곳에서 잠시 다리쉼하며 내려다보면 백악에서 인왕산으로 이어지는 한양 도성이 띠처럼 둘려 있고, 백악과 인왕산 사이의 말안장 모양의 자리에 창의문이 서 있습니다.

양쪽이 낭떠러지 절벽인 기차바위.

인왕산 너럭바위에서 조망한 자하문 밖 풍경.

인왕산 정상에서 내려다본 경복궁 일대.

　　인왕산 정상에 오르면 조선의 법궁인 경복궁과 내사산인 백악, 낙산,
목멱산, 인왕산을 둘러친 한양 도성이 내려다보입니다. 한양은 내사산을
잇는 18.6km의 도성을 둘러치고 사람이 다닐 수 있도록 네 개의 큰 문
과 네 개의 작은 문을 설치하였습니다. 도성의 중심에는 종루鐘樓를 설치
하였습니다. 흥인지문 옆에 자리한 오간수문은 도성 안의 물줄기인 청계
천이 도성을 빠져나가는 문으로, 그 위로도 사람들이 통행할 수 있게 하
였습니다.

사림문화 이전의 한양 불교 성지

인왕산은 사림士林의 문화가 터를 잡기 이전부터 한양의 불교 성지였습니다. 인왕산이라는 이름을 갖게 한 인왕사仁王寺를 비롯해 선승들의 수도처인 금강굴, 세조 때 지은 복세암, 궁중의 내불당 등 도성의 내사산 가운데 사찰이 가장 많았습니다. 특히 인왕은 금강역사상金剛力士像으로 사찰 입구에 서 있는 수호신임을 미루어 볼 때, 인왕산이 한양을 지켜주는 수문장 역할을 했음을 짐작할 수 있습니다.

높이 솟은 인왕산 주봉의 암반은 당당한 위풍을 뽐내고, 그 주변과 계곡에 널려 있는 크고 작은 바위 형상들은 모두 개성이 뚜렷합니다. 모양새에 따라 선바위, 말바위, 매바위, 기차바위, 부처바위, 맷돌바위, 치마바위, 감투바위 등 다양하게 불리고 있습니다. 암석 숭배 혹은 바위정

인왕산 곡성.

령을 믿는 우리나라 민속신앙의 대상이 되기에 충분한 조건을 갖추고 있습니다.

특히 '제사 지내는 터'라는 뜻을 지닌 선바위禪岩는 이곳에서 무학대사가 기도를 올려 이성계가 위화도 회군에 이은 조선의 건국을 성공적으로 이루었다는 전설을 품고 있습니다. 이런 연유로 두 개의 큰 바위는 무학대사와 이성계, 또는 이성계 부부라 전해집니다. 달리 두 바위 중 오른쪽 바위가 고깔을 쓴 장삼 차림의 승려를 닮았다고 하여 '선암禪岩'으로 전해져 오기도 하는데, 바위가 가부좌를 틀고 참선하는 형상이 아니기 때문에 잘못 전해져 오는 것이 아닌가 생각됩니다.

도읍을 개경에서 한양으로 옮기면서 도성을 쌓을 때, 그 경계에 대하여 무학대사와 정도전의 주장이 대립되어 태조가 몹시 고심하였다는 이야기도 전해 옵니다. 그러던 중 어느 날 인왕산에 눈이 내렸는데, 능선을 따라 한쪽만 눈이 녹으면서 선이 그려졌다고 합니다. 이를 하늘의 계시로 여기고 그 선을 따라 성을 쌓았는데 공교롭게도 선바위가 경계선 밖으로 내쳐져, "선바위가 도성 안에 들어가도록 성을 쌓아야 된다"고 주장했던 무학대사의 뜻이 좌절되었습니다. 무학대사는 통탄하며 조선에서 불교가 쇠퇴하고 유학자들에 의해 억압될 것을 예견했다고 합니다.

치마바위에 깃든 중종과 단경왕후의 애절한 사연

인왕산 정상에서 동쪽 아래로 넓게 펼쳐진 치마바위는 중종과 단경왕후의 애절한 사연을 전해 줍니다. 중종이 반정反正으로 왕위에 오르자 공신들은 단경왕후가 연산군의 처남으로 좌의정까지 지낸 신수근의 딸

무학대사가 기도를 올려 이성계의 위화도 회군이 성공하였다는 전설을 품고 있는 선바위.

중종과 단경왕후의 애절한 사연이 서려 있는 치마바위.

임을 문제 삼아 폐위시키고 궁궐에서 내쫓았습니다. 중종은 폐비 신씨가
보고 싶을 때면 누각에 올라 신씨 집 쪽을 바라보곤 했습니다. 그 사실을
전해 들은 신씨가 집 뒤쪽에 있는 큰 바위에 자신이 궁중에서 입던 분홍
색 치마를 눈에 띄게 걸쳐 놓았다고 하는데, 중종은 그 치마를 보며 신씨
를 향한 애절한 감정을 진정시키곤 했다고 합니다.

　선바위 아래 있는 국사당은 1925년 남산에서 현재의 위치로 이전하
였습니다. 일제가 목멱산 기슭에 조선신궁을 지으면서 더 높은 곳에 국
사당이 있는 것을 못마땅하게 여겨 이전을 강요했기 때문입니다. 건물을
해체하여 현재의 자리에 원형대로 복원하였는데, 이전 장소를 인왕산 기
슭 선바위 아래로 정한 것은 그곳이 태조와 무학대사가 기도하던 명당이
기 때문이었습니다. 국사당에는 태조와 왕비 강씨 부인상, 무학대사, 나
옹화상, 최영 장군, 명성황후상, 산신, 용왕신, 칠성신, 삼불제석 등이 모
셔져 있습니다. 《조선왕조실록》에는 남산을 목멱대왕木覓大王에 봉하고

호국의 신으로 삼아 국가의 공식행사인 기우제祈雨祭와 기청제祈晴祭를 지냈다는 기록이 있습니다. 《신증동국여지승람》에는 목멱신사木覓神社라는 사당이 남산 꼭대기에 있었는데, 매년 봄, 가을에 초제醮祭(별을 향하여 지내는 제사)를 지냈다고 기록하고 있습니다.

그러나 조선 말엽에는 이미 국가적인 제사를 지내는 일이 없었고, 다만 별궁의 나인들이 치성을 드리러 오거나, 개성 덕물산에 치성을 드리러 가는 사람들이 먼저 이 당을 거쳐 갔을 뿐입니다. 궁중 발기撥記에는 명산과 당, 묘 등에 치성을 위해 보낸 금품목록이 적혀 있는데, 국사당의 이름이 여러 번 등장합니다. 명성황후가 궁중 나인들을 시켜 국사당에 치성을 드렸다는 기록도 있습니다.

정상에서 동남쪽으로 난 능선을 따라 내려서면 우리의 전통 무예인

목멱산에서 자리를 옮겨온 국사당.

조선 후기 활터의 모습.

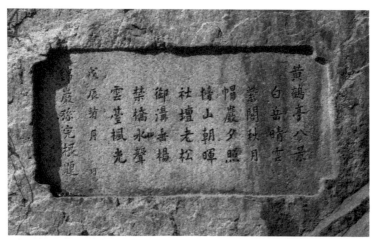

황학정 뒤편 바위에 새겨진 황학정 팔경.

택견을 수련하고 시합하던 곳이 남아 있습니다. 일제강점기 때까지 택견 시합이 열렸는데, 우대와 아랫대 두 지역으로 편을 갈라 시합을 하였다고 합니다.

우대라 함은 청계천 상류지역인 도성 안의 서북쪽 지역으로 경복궁에 가까워 하급관리인 중인들이 많이 살았고, 아랫대는 청계천의 하류지역인 도성 안의 동남쪽으로 훈련원이 있어서 하급 장교인 중인들이 많이 모여 살았습니다.

사직단으로 내려서기 전에 만나는 황학정은 활터입니다. 1898년(광무 2) 대한제국 시절에 고종의 어명으로 경희궁 회상전 북쪽에 지었던 것을 일제강점기인 1922년에 등과정 터인 지금의 자리로 옮겨왔습니다. 조선시대 서울에는 궁술 연습을 위한 활터가 다섯 군데가 있었는데, 모두 인왕산과 북악 사이에 있는 서촌에 있어 서촌 5사정이라고 하였습니다.

오사정은 조선 전기부터 무인의 궁술 연습지로 유명했는데, 갑신정변 이후 활쏘기 무예가 쇠퇴하자 많은 활터가 사라졌습니다. 그나마 일제강점기에 활쏘기를 금지하여 황학정만 그 맥을 이어왔습니다. 지금의 황학정 자리는 오사정의 하나인 등과정이 있던 곳입니다.

사직단社稷壇은 토지의 신社과 오곡의 신稷에게 제사 지내던 곳입니다. 고대국가에서는 임금은 하늘이 내려주는 것이라고 믿어 대대로 세습되었으므로, 가장 중요한 것은 임금의 씨가 마르지 않게 대를 잇는 것이었습니다. 다음으로 백성들이 배불리 먹을 수 있도록 해야 했으므로, 비옥한 토지와 튼실한 씨앗이 필요했습니다.

그래서 궁궐을 중심으로 임금의 조상 위패를 모시는 곳宗廟을 왼쪽에 두고 조상의 음덕으로 대를 잘 이을 수 있도록 기원했으며, 오른쪽에는

토지와 오곡의 신에게 제사 지낸 사직단.

토지와 곡식의 신에게 제사 지내는 곳社稷壇을 두어 임금이 친히 납시어 제사를 지냈습니다.

백사 이항복의 집터 필운대

필운대는 백사 이항복의 집입니다. 원래는 장인인 도원수 권율 장군의 집이었으며, 바위에 새겨진 글씨 세 점이 전해지고 있습니다. 왼쪽에는 '필운대弼雲臺'라는 글자가 새겨져 있고, 오른쪽에는 집을 지을 때의 감독관으로 보이는 동추 박효관을 비롯한 9명의 이름이 열거되어 있습니다. 그리고 오른쪽 위에는 백사 이항복의 후손인 월성 이유원이 쓴 시가 쓰여 있습니다.

우리 할아버지 살던 옛집에 후손이 찾아왔더니(我祖舊居後裔尋)
푸른 소나무 바위에는 흰 구름이 깊이 잠겼고(蒼松石壁白雲深)
끼쳐진 풍속이 백년토록 전해오니(遺風不盡百年久)
옛 어른들의 의관이 지금껏 그 흔적을 남겼구나(父老衣冠古亦今)

광해군은 임진왜란 이후 파주 교하에 새 궁궐을 건설하려 하였으나, 그 뜻을 이루지 못하였습니다. 때마침 풍수지리가인 성지와 시문용 등이 인왕산 왕기설王氣說을 강력히 주장하자, 인왕산의 왕기를 누르기 위하여 1616년(광해군 8)에 인왕산 기슭의 민가를 헐고 승군을 징발하여 인경궁, 자수궁, 경덕궁(경희궁) 등 세 궁궐을 지었습니다.

인경궁은 사직동 부근에, 자수궁은 한양오학의 하나였던 북학北學 자

이항복의 집터였던 필운대에 남아 있는 암각 글씨.

겸재가 그림으로 남긴 〈필운대〉.

리에, 경덕궁은 인조의 아버지인 정원군의 사저에 지었으나, 인조반정 뒤 경덕궁만 남겨두고 인경궁과 자수궁은 폐지하였습니다. 1648년(인조 26)에 청나라 사람들의 요구로 홍제원에 역참을 만들 때 청나라 사신들의 숙소 등을 짓기 위해 인경궁과 태평관을 헐물어 재목과 기와를 사용하였습니다.

자수궁은 자수원이라 이름을 고친 뒤 이원尼院(비구니 승방)이 되었는데, 후궁 중에서 아들이 없는 이들이 이원에 들어왔습니다. 한때 5천여 명의 여승이 살았다고 합니다. 1661년(현종 2)에 여승의 폐해가 심하여 부제학 유계의 상계로 폐지되면서 어린이들은 환속시키고 늙은이들은 성 밖으로 옮겼습니다. 자수원의 재목으로는 성균관 서쪽에 비천당을 세우고, 또 재실인 일량재와 벽입재를 세웠습니다.

위항문학의 전성기를 이끈 송석원 시사

송석원 시사詩社는 천수경을 중심으로 한 서울의 중인계층이 인왕산 아래 옥류동의 송석원에서 1786년(정조 10)에 결성하여 1818년(순조 18)에 해산한 문학모임입니다. 달리 옥계시사라고도 부르며, 송석원은 천수경의 별장 이름입니다.

사대부 문학이 중심을 이루던 조선사회에 서인과 중인을 중심으로 하는 위항문학이 등장하게 된 것은 숙종 때입니다. 신분이나 경제력에서 사대부에 비해 열등한 위치에 있던 위항인들이 자기 권익을 확보하기 위해 만든 것이 문학모임인 시사였고, 대표적 그룹이 송석원 시사였습니다.

그 주요인물은 맹주인 천수경을 비롯하여 장혼, 김낙서, 왕태, 조수

삼, 차좌일, 박윤묵, 최북 등이었습니다. 이들은 김정희가 쓴 송석원이라는 편액을 걸고 자신들과 같은 처지의 시인들과 어울려 시와 술로 소요자적하였는데, 후일 홍선 대원군도 여기에 나와 큰 뜻을 길렀다고 합니다.

백전白戰은 그들이 중심이 되어 펼친 전국 규모의 시회였습니다. 1년에 두 차례씩 개최되었는데, 남북 두 패로 나누어 서로 다른 운자韻字를 사용함으로써 공정을 기하였다고 합니다. 1797년에 《풍요속선風謠續選》을 간행하여 《소대풍요昭代風謠》 이후 60년 만에 위항인들의 시선집을 간행하는 전통을 수립하였으며, 구성원들의 활발한 작품 활동으로 송석원 시사와 위항문학의 전성기를 맞이하였습니다.

조선시대의 체제와 제도를 명문화한 《경국대전》에 의하면 "문무관 2품 이상인 관원의 양첩良妾 자손은 정3품까지의 관직에 허용한다"라고 하였으며, "7품 이하의 관원과 관직이 없는 자의 양첩 자손은 정5품까지

송석원 터의 일부로 추정되는 박노수미술관.

김홍도 그림 〈송석원시사야연도〉.

겸재 그림 속의 〈수성동〉.

의 관직에 한정한다"라고 규정하고 있습니다.

이처럼 양첩 자손은 그나마 한정된 벼슬에라도 오를 기회가 있었지만, 천첩賤妾 자손은 벼슬할 기회가 없었습니다. 뛰어난 서얼 지식인들이 늘어나자, 정조는 서얼금고법庶孽禁錮法에 저촉되지 않도록 검서관이라는 잡직 관원을 뽑아 등용하였습니다. 규장각에서 서적을 검토하고 필사하는 임무를 맡긴 것으로, 정무직이 아니라서 기득권층의 반대도 없었고, 학식과 재능이 뛰어난 서얼 학자들의 불만을 달래주는 효과도 있었습니다.

1779년에 임명된 초대 검서관은 이덕무, 유득공, 박제가, 서이수였습니다. 당대에 가장 명망 있는 서얼 출신의 이 네 학자를 4검서라고 불렀습니다. 유득공은 조선의 문물과 민속을 기록한 《경도잡지京都雜志》를 지었으며, 대를 이어 검서로 활동한 그의 아들 유본예는 서울의 문화와 역사, 지리를 설명한 《한경지략漢京識略》을 저술하였습니다.

수성동 계곡. 바위 사이에 놓인 돌다리가 기린교이다.

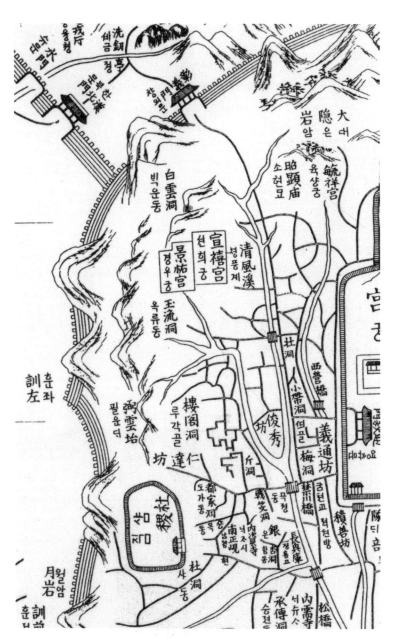

1900년대 초 제작된 한성부지도 속의 서촌 일대.

왕실의 사묘 육상궁에 얽힌 사연

친일파의 대표 인물인 이완용이 살았다고 전해지는 곳은 태화관 터, 명동성당 부근 등 여러 곳이 거론됩니다. 그는 1913년 이후부터 죽기 전까지 '옥인동 19번지' 일대 3,700여 평의 넓은 땅에 저택을 지어 살았습니다. 해방이 되자 다른 대부분의 친일파들과 만찬가지로 그의 재산은 적산으로 몰수되어 일부는 민간인에게 불하되고, 많은 부분은 국유지로 편입되었습니다. 현재 옥인동파출소, 종로구 보건소, 한전출장소 그리고 '남영동 대공분실'과 함께 악명 높았던 '옥인동 대공분실'이 그 땅에 들어서 있습니다. 이완용이 살았던 유럽풍의 양식 건물은 지금까지 남아 있습니다.

선희궁은 영조의 후궁이며 사도세자의 생모인 영빈 이씨의 신주를 봉안한 사당으로 1764년(영조 40)에 건립되었습니다. 원래 영빈 이씨의 시호를 따서 의열묘라 하였다가, 1788년(정조 12)에 선희궁으로 고쳐 부르게 되었습니다.

그 후 1870년(고종 7)에 위패를 육상궁으로 옮겼다가, 1896년 선희궁으로 되돌렸습니다. 그렇게 하게 된 이유는 영친왕이 태중에 있을 때 순헌 엄귀비의 꿈에 영빈 이씨가 나타나서 폐한 사당을 다시 지어주기를 간곡히 부탁하기에, 엄귀비가 영친왕을 낳고 나서 꿈 이야기를 고종에게 고하여 본래 자리에 사당을 새로 지었다고 합니다. 신주는 1908년에 다시 육상궁으로 옮겨졌습니다.

육상궁은 왕실의 사묘私廟로서 달리 칠궁七宮이라고도 불립니다. 왕실의 사묘란 조선시대 정실 왕비가 아닌 후궁에게서 태어난 임금이 그의 어머니의 신위를 모신 곳으로, 역대 왕이나 왕으로 추존된 이의 생모인 일곱 후궁의 신위를 모신 곳입니다.

육상궁의 연원은 1725년(영조 1) 영조의 생모이자 숙종의 후궁인 숙빈 최씨의 신위를 모셨던 숙빈묘에서 비롯됩니다. 나중에 이름을 육상묘로 바꾸었으며, 1753년 육상궁으로 개칭되었습니다. 1882년(고종 19)에 불타 없어진 것을 이듬해 다시 세웠습니다.

1908년 추존된 왕 진종眞宗의 생모 정빈 이씨의 연우궁, 순조의 생모 수빈 박씨의 경우궁, 사도세자의 생모 영빈 이씨의 선희궁, 경종의 생모 희빈 장씨의 대빈궁, 추존된 왕 원종元宗의 생모 인빈 김씨의 저경궁 등 5개의 묘당을 이곳으로 옮겨 육궁이라 하다가, 1929년 영친왕의 생모 순헌귀비 엄씨의 덕안궁도 옮겨와 칠궁이라 하였습니다.

사도세자의 생모 영빈 이씨의 신주를 봉안했던 선희궁.

왕실 사묘 육상궁의 옛 모습.

　창의궁은 영조가 임금이 되기 전에 살았던 잠저입니다. 효종의 넷째 딸 숙휘공주의 부마 인평위 정제현이 살던 집이었으나, 숙종이 이를 구입하여 훗날 임금에 오르는 연잉군에게 주었다고 합니다. 이곳에서 영조의 세자인 효장세자가 태어났습니다.

　그리고 영조의 딸인 화순옹주가 추사 김정희의 증조부인 김한신과 결혼하자, 이들을 위해 창의궁 옆에 집을 지어주었는데, 부마 월성위 김한신의 집이라고 '월성위궁'이라 하였습니다.

낙산과
쌍계동천 길

기행 코스

한양 도성의 좌청룡 낙산과 쌍계동천에 남아 있는
문화유적을 둘러보는 여정

헌법재판소
(광혜원 터)

헌법재판소 자리에 세워진
우리나라 최초의 서양식 병원.

북촌

남북회담사무국

옥류정

창경궁 후원 뒷길에
위치한 정자.

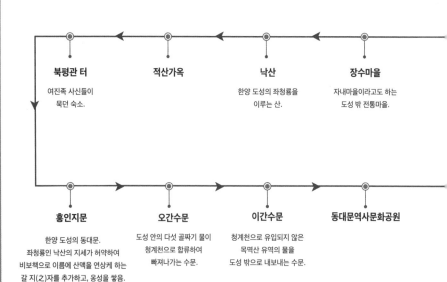

북평관 터

여진족 사신들이
묵던 숙소.

적산가옥

낙산

한양 도성의 좌청룡을
이루는 산.

장수마을

자내마을이라고도 하는
도성 밖 전통마을.

흥인지문

한양 도성의 동대문.
좌청룡인 낙산의 지세가 허약하여
비보책으로 이름에 산맥을 연상케 하는
갈 지(之)자를 추가하고, 옹성을 쌓음.

오간수문

도성 안의 다섯 골짜기 물이
청계천으로 합류하여
빠져나가는 수문.

이간수문

청계천으로 유입되지 않은
목멱산 유역의 물을
도성 밖으로 내보내는 수문.

동대문역사문화공원

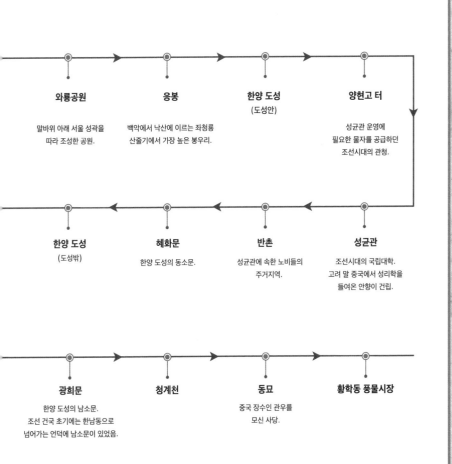

와룡공원

말바위 아래 서울 성곽을
따라 조성한 공원.

응봉

백악에서 낙산에 이르는 좌청룡
산줄기에서 가장 높은 봉우리.

한양 도성
(도성안)

양현고 터

성균관 운영에
필요한 물자를 공급하던
조선시대의 관청.

한양 도성
(도성밖)

혜화문

한양 도성의 동소문.

반촌

성균관에 속한 노비들의
주거지역.

성균관

조선시대의 국립대학.
고려 말 중국에서 성리학을
들여온 안향이 건립.

광희문

한양 도성의 남소문.
조선 건국 초기에는 한남동으로
넘어가는 언덕에 남소문이 있었음.

청계천

동묘

중국 장수인 관우를
모신 사당.

황학동 풍물시장

관직에 나가려면 거쳐야 했던 성균관

한양 도성의 주산인 백악에서 동쪽으로 낙산駱山에 이르는 좌청룡左青龍의 산줄기에서 가장 높게 솟아 오른 봉우리가 응봉鷹峰입니다. 응봉에서 한양 도성을 따라 내려가다 보면 도성 밖은 한양오경 중의 하나인 '북둔도화北屯桃花'의 절경을 품고 있는 성북동천이고, 도성 안으로는 조선시대 국립대학인 성균관과 성균관에 속한 노비들의 주거지역인 반촌泮村이 자리 잡고 있습니다.

한양오경은 한양에서 경치가 좋은 다섯 곳을 이르는 말로 '인왕산 살구꽃' '세검정 수석壽石' '서지西池 연꽃' '동대문 밖 버드나무' 그리고 '북둔도화' 곧 성북동천 복숭아꽃을 가리킵니다. 성북동천의 복숭아꽃이 매우 아름다웠음을 알 수 있습니다.

성균관은 조선의 국립대학으로서 조선을 이끌어 갈 인재들이 모두 모인 곳이었습니다. 조선시대에는 중국, 베트남과 같이 과거를 통해서만 관직에 오를 수 있었습니다. 초시를 합격하여 성균관에 입학하여야만 정시를 치를 수 있었던 과거제도의 성격 때문에 관직에 나아가기 위해서는 반드시 거쳐야 하는 곳이었습니다.

성균관은 한양 천도 후에 생겨난 것이 아니라 그 뿌리가 천도 전의

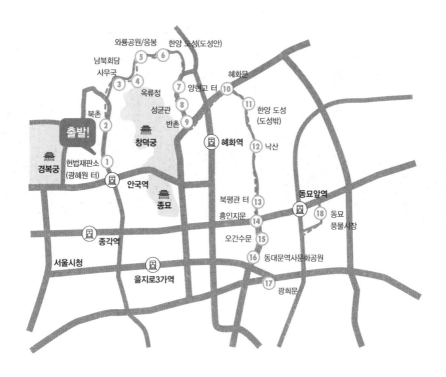

북촌 입구 헌법재판소에서 북으로 거슬러 올라 한양 도성을 만난 다음
성균관을 향해 나아갑니다. 이어서 낙산 줄기를 타고 동대문 쪽으로 내려와
광희문을 거쳐 동묘에 이릅니다.

명륜당 앞뜰의 수령 5백 년을 헤아리는 은행나무.

개경으로 거슬러 오릅니다. 고려 말 중국에서 성리학을 처음 들여온 안
향이 유학을 널리 펴고자 성균관을 건립하였던 것입니다. 안향은 자신
의 사재를 내놓았을 뿐만 아니라 관료들로부터 기부를 받아 모은 돈으로
중국에서 경전과 역사서 등을 수입해 들여와 성균관의 면모를 일신하였
습니다. 안향은 자신의 소유인 3백여 명의 노비도 함께 희사하여 성균관
소속 노비로 만들었는데, 한양으로 천도할 즈음에는 그 노비의 자손들이
수천 명으로 늘어났습니다.

　성균관을 달리 반궁泮宮이라고도 하는 것은 천자의 나라에 설립한 학
교를 벽옹辟雍이라 하고, 제후의 나라에 설립한 학교를 반궁이라 한 데서
유래하였습니다. 벽옹이란 큰 연못 속에 지은 집을 말하는데, 벽옹에 들
어가기 위해서는 동, 서, 남, 북에 놓인 다리를 건너야만 합니다. 이에 비

해 반궁은 동쪽과 서쪽 문을 연결하는 부분만 물이 채워져 있어 벽옹에 비해 물이 반밖에 되지 않습니다. 그 물을 반수泮水라 하였고, 반수에 있는 집이라서 반궁이라고 불렀습니다.

성균관 노비들의 주거지 반촌

성균관에 소속된 수천 명의 노비가 반수와 반궁 주위에 집을 짓고 부락을 이루어 살았기 때문에 이를 반촌이라고 불렀습니다. 또 반촌에 사는 노비들을 반인泮人이라고 불렀는데, 이들은 주로 성균관의 잡역을 세습적으로 맡아 보았습니다.

어린아이는 성균관의 기숙사인 동재東齋와 서재西齋의 각 방에 소속되어 유생들의 잔심부름을 하는 재직齋直으로 일했고, 이들이 성장하면 성균관의 제향과 관련된 육체노동에 종사하는 수복守僕이 되었습니다.

반촌은 성균관과 공적인 관계뿐만 아니라 유생들과 사적인 관계로도 연결되었습니다. 성균관 유생들이 방을 잡아 공부하는 하숙촌 역할도 하고, 과거시험 때는 응시자들이 머무르는 여관촌 역할도 하였으며, 특별한 경우 성균관 유생들의 이념 서클의 온상이기도 했습니다.

성리학 이념으로 통치하던 조선은 성리학을 제외한 모든 학문을 불온시하였습니다. 특히 천주학은 참형으로 다스렸는데, 성균관 유생이었던 이승훈과 정약용, 강리원은 과거공부를 핑계로 반인 김석태의 집에 모여 천주교 교리를 학습하였습니다. 그러다 발각되었지만 모두 사대부 자제들이고 조선을 이끌어갈 동량들이라 참형은 면했다고 합니다.

반촌의 가장 특이한 역할은 그곳에서 소의 도살이 이루어졌다는 것입니다. 조선시대에는 소의 도살을 법으로 정해 금지하였습니다. 금살도 감禁殺都監이라는 관청을 설치하여 소의 도살을 막아보려 했지만, 여전히 소고기는 유통되었고 밥상에도 올라 왔습니다.

박제가의 《북학의》에 의하면 나라 전체에서 하루에 5백 마리의 소가 도살되었다고 합니다. 이렇게 도살된 소는 공식적으로는 국가의 제사나 군사들에게 음식을 베풀어 위로하는 호궤犒饋 때 주로 쓰였습니다. 한양에는 성균관과 5부 안에 24곳의 푸줏간이 있었고, 지방 3백여 고을에 빠짐없이 소를 파는 고깃간이 있었다고 합니다. 분명 조직적으로 도살하는 곳이 있어야 가능한 일이었습니다. 도살 금지 정책을 펴면서도 먹는 음식인지라 단속과 처벌이 느슨했던 것 같습니다.

이러한 도살의 본거지가 바로 반촌입니다. 반촌에서 소를 도살하게

성균관 유생들은 기숙사 동재와 서재에서 생활하였다.

된 연원은 정확하지는 않지만, 아마도 성균관 학생들의 식사와 밀접한 관계가 있는 것으로 추정됩니다. 유본예의 《한경지략》은 "성균관의 노복들은 고기를 팔아서 생계를 잇게 하고, 세금으로 바치는 고기로 태학생太學生들의 반찬을 이어가게 한다"라고 적고 있습니다.

반인을 이루는 노비들은 대부분 여진족이나 말갈족 출신이었습니다. 유목생활을 하며 도살을 생활로 하던 종족이었기 때문에, 자연스레 소를 도살하는 일에 종사했던 것으로 보입니다.

성균관 유생은 2백 명 내외였다

조선시대의 교육기관 가운데 나라에서 운영하는 관학은 서울의 성균관과 사부학당(동부, 서부, 남부, 중부) 그리고 지방의 향교가 있었습니다. 서당이나 서원은 재야 지식인인 사림들이 설립한 사설 교육기관이었습니다.

유학을 치국 이념으로 내세워 유교정치를 펼친 조선왕조는 관학 교육을 강화하였는데, 초시에 합격하여야만 국립대학인 성균관에 입학할 수 있고, 오직 성균관을 통해서만 본고사에 해당되는 정시를 치를 수 있는 자격을 부여받았습니다. 그리고 정시에 합격해야만 비로소 관직에 나아갈 수 있었습니다.

향교는 지금의 학제와 비교하면 지방의 국립 고등학교라고 할 수 있습니다. 향교에서 수학한 후 1차 과거에 합격한 사람은 생원, 진사의 칭호를 받고 성균관에 가게 됩니다. 성균관에서 다시 수학한 다음 문과 급제를 통해 고급관직에 오르는 것입니다.

학습을 위한 강학 공간 명륜당.

성균관의 배향 공간인 대성전.

조선 중기 이후 향교는 단순히 과거를 준비하는 곳으로 변질되어 양식 있는 선비들은 관학을 기피하게 됩니다. 배우는 학생들이 모자라 향교는 겨우 명맥만 유지하게 되고, 그 대신 성리학의 학풍을 이어가려는 사림들이 앞 다투어 서원을 설립하였습니다.

성리학의 도통道統을 이어받은 사람은 목은 이색으로부터 그의 문하였던 포은 정몽주와 야은 길재, 그리고 김숙자, 김종직, 김굉필, 정여창, 김일손, 조광조 등으로 이어지면서 그 세력이 커져 갔는데, 이들은 학문적으로는 사장詞章보다는 경학經學을 중시했고 경학의 기본사상을 성리학에서 구했습니다.

관학에 해당되는 성균관과 향교에 배향되는 선현들은 공자를 필두로 하여 네 분의 성인4聖, 공자의 수제자 열 명10哲, 송나라 여섯 명의 현자宋朝6賢, 공자의 제자 중 72명의 현자孔門72賢, 한漢, 당唐, 송宋의 22명의 현자漢唐宋22賢, 그리고 우리나라 18명의 현자東國18賢 등 모두 133분입니다. 하지만 향교의 격과 규모에 따라 대체로 그 수를 줄여서 모십니다.

우리나라 18분의 현자는 설총, 최치원, 안향, 정몽주 ,김굉필, 정여창, 조광조, 이언적, 이황, 김인후, 이이, 성혼, 김장생, 조헌, 김집, 송시열, 송준길, 박세채입니다.

향교와 서원은 대부분 전학후묘前學後廟의 건물 배치로서 앞쪽이 공부하는 강학 공간이고 뒤쪽이 배향하는 사당祠堂 공간입니다. 하지만 국립대학이라 할 수 있는 성균관의 건물 배치는 일반적인 배치와 반대로 전묘후학前廟後學으로 되어 있습니다. 앞쪽에 공자 등을 배향하는 대성전이 위치하고, 뒤쪽에 공부하는 명륜당이 자리 잡고 있습니다.

배향 공간인 대성전 좌우에는 133위 중 대성전에 모시지 않은 나머지 위패를 모시는 행랑行廊인 동무東廡와 서무西廡가 배치되어 있고, 강학 공간인 명륜당 좌우에는 유생들의 기숙사인 동재와 서재가 마주보고 있습니다. 명륜당을 바라보고 오른쪽에 있는 동재는 선배들이, 그 반대편 서재는 후배들이 사용하였습니다. 성균관 유생의 수는 시대에 따라 달랐지만 대략 2백여 명 정도였다고 합니다.

명륜당 앞뜰에는 수령이 5백여 년 된 은행나무 두 그루가 우뚝 서 있습니다. 향교와 서원의 뜰이나 정문 앞에도 백 년 이상 된 은행나무가 있는데, 이것은 공자가 은행나무 아래서 제자를 가르쳤다는 고사를 본떠 향교나 서원에 은행나무를 심은 데서 유래한 것입니다.

북촌, 남촌, 동촌, 서촌, 중촌의 내력

조선이 건국되고 개성에서 한양으로 천도한 초기에는 한양의 행정구역은 백악 아래의 북부, 낙산 아래의 동부, 목멱산 아래의 남부, 인왕산 아래의 서부, 청계천 주변의 중부 등 크게 5부로 나누었으며 부를 촌村이라고도 불렀습니다.

백악의 경복궁과 응봉의 창덕궁 사이에 있는 부락을 북촌, 목멱산 아래 동네를 남촌, 낙산 아래를 동촌, 인왕산 아래를 서촌, 청계천변을 중촌이라 하였고, 대체로 북촌과 동촌, 서촌에는 출사한 사대부가, 남촌은 출사하지 못한 사대부와 무인이, 중촌에는 역관, 의원, 화원 등 기술직 중인들이 모여 살았습니다.

중인이 살았던 중촌을 제외한 동서남북 네 개의 촌은 양반들의 주거지로서 조선 중기 붕당朋黨의 이름은 이것으로 말미암았습니다. 동인은 김효원이 동촌에, 서인은 심의겸이 서촌에 살았기 때문에 그 일당을 동

인과 서인으로 불렀습니다. 동인이 다시 남인과 북인으로 나뉠 때는 남
촌에 사는 일당을 남인, 북촌에 사는 일당을 북인이라 불렀으나, 그 일당
모두가 그곳에 살았다는 것은 아니고 중심인물을 비롯하여 상당수가 그
곳에 살았다는 뜻입니다.

　이러한 사색당파의 주거 분포는 조선 후기에 서인의 노론에 의한 일
당 지배체제가 완성되면서 차츰 무너지기 시작합니다. 입지 조건이 가장
좋은 북촌에는 노론이, 서인이지만 노론에 밀린 소론과 동인으로 한때
정권을 잡은 북인은 동촌과 서촌에, 사색당파 중 가장 세력이 약했던 남
인과 무인들은 남촌에 다수가 모여 살았습니다.

　그래서 북촌에는 아흔아홉 칸 규모의 고대광실 사대부집이 많았습니
다. 연암 박지원의 손자인 박규수의 집도 이곳에 있었는데, 그 자리에 조

우리나라 최초의 서양식 병원 광혜원의 옛 모습.

광혜원을 세운 선교사 알렌.

선 최초의 현대식 병원인 광혜원이 들어섰습니다. 창덕여고를 거쳐 지금은 헌법재판소가 들어서 있습니다.

박규수는 박지원의 손자로 영, 정조 시대의 실학을 계승하여 북학파를 일구고 다시 개화파를 낳게 한 선구자입니다. 실학과 개화사상을 이어준 근대의 가교자라 할 수 있습니다. 선배인 정약용, 서유구, 김매순, 조종영, 홍석주, 윤정현을 사숙하였고, 문우인 남병철, 김영작, 김상현, 신응조, 윤종의, 신석우 등과 교유하였으며, 김옥균, 박영효, 김윤식, 김홍집, 유길준 등은 그 문하에서 배출된 개화운동의 선구적 인물들입니다.

박규수는 북촌 자신의 집 사랑방에 개화사상에 목말라 하는 김옥균, 박영효, 서광범 등을 불러 놓고, 자신이 손수 만든 '지구의地球儀'를 보며 중국 중심주의가 해체되어가는 국제현실을 이야기하곤 했습니다.

박규수는 중국에 사행을 두 번이나 다녀왔습니다. 첫 번째는 1860년 영, 불 연합군에 의해 북경이 함락되고 청의 함풍황제가 열하로 피난을 가자 조선정부 위문사행단의 부사로 조부인 연암이 다녀온 길을 똑같이 다녀왔습니다. 1872년에는 정사의 직위를 갖고 두 번째 사행을 다녀왔습니다. 박규수는 중국 문인들과의 교류에 힘썼고, 당시 중국에서 진행되던 양무운동의 영향을 받아 조선으로 돌아와서 북학을 계승한 개화사상으로 발전시켰습니다.

박규수 집터에는 지금 서울에 남아 있는 것 중에 가장 크고 건강한 백송이 우뚝 서 있습니다. 백송은 북경이 원산지로서 중국에 사행을 다녀온 북학파들이 조선으로 들여왔으며, 그래서 북학파와 관련 있는 집에는 백송을 반드시 심었습니다.

응봉에서 동쪽으로 흘러내린 산줄기가 방향을 약간 남쪽으로 꺾어

수령 6백 년을 헤아리는 재동 백송.

솟구치며 낙산을 일구는데 그 사이 말안장 모양으로 움푹 들어간 안부에 동소문인 혜화문이 있습니다.

원래 동소문은 홍화문이었습니다. 성종 때 세 분 대비를 위해 별궁인 창경궁을 짓고 그 정문의 이름을 홍화문이라 하자 할 수 없이 창경궁에 그 이름을 내주고 새로 혜화문이라는 이름을 얻었습니다.

낙타를 닮은 낙산과 아름다운 풍광을 뽐낸 쌍계동천

낙산은 그 모양이 낙타와 같아서 낙타산 또는 타락산이라고도 불렸습니다. 낙산의 서쪽 산록에 있는 쌍계동천은 기암괴석과 울창한 수림 사이로 맑은 물이 흘렀으며, 특히 '낙타 유방'에 해당하는 두 곳에 '이화동 약수'와 '신대 약수'가 있었다고 합니다.

쌍계동천에는 태종 때 재상을 지낸 박은이 백림정을 짓고 주위에 잣나무를 심어 풍류를 즐겼으니 이 때문에 백동柏洞 또는 잣나무골이라는 지명이 생겨났습니다. 신숙주의 손자로 중종 때의 학자였던 신광한도 이곳에 집을 짓고 살았습니다. 그 풍광이 너무 아름다워 그가 이곳을 신대명승申臺名勝이라 이름한 까닭에 신대동 또는 신대골이라는 지명이 생겼습니다.

뿐만 아니라 효종의 아우 인평대군의 거소인 석양루, 배꽃이 만발한 배밭 가운데 지은 이화정, 영조시대의 문인 이심원이 지은 일옹정 등이 이곳에 자리하고 있었습니다. 그런 이유로 왕족, 문인, 가인 들이 즐겨 찾았고, 동촌東村 이씨의 세거지도 있었습니다.

낙산 기슭에는 '흥덕이 밭弘德田'이라는 조그만 땅이 남아 있습니다.

효종이 나인 홍덕에게 준 땅이라고 합니다. 효종은 왕 위에 오르기 전 봉
림대군 시절에 심양에 볼모로 잡혀 갔었는데 병자호란에서 조선이 패하
였기 때문입니다. 함께 잡혀간 나인 홍덕이가 봉림대군에게 날마다 김치
를 담가드렸으며 조선에 돌아와서도 임금이 된 효종에게 김치를 갖다 바
쳤다고 합니다. 이에 효종이 감탄하여 낙산 기슭에 있는 밭을 홍덕에게
주었답니다.

　대한제국 시절 고종의 명을 받아 네덜란드 헤이그에서 열린 만국평
화회의에 밀사로 파견된 이상설의 별장도 이곳에 있었습니다. 일제강점
기에는 경성제국대학이 들어섰고, 일제 패망 후 고국에 돌아온 이승만은
이화정 옛 터에 이화장이란 이름으로 자신의 거처를 마련하고 남한 단독
정부 수립을 구상하였습니다.

　쌍계동천은 두 물줄기가 흐른다고 하여 붙여진 이름입니다. 한 줄기
는 경신고등학교 어름에서 흘러내려 성균관 옆과 반촌을 지나고, 다른

한 줄기는 혜화문 부근에서 시작되는데, 지금의 대학로를 지난 지점에서 두 물줄기가 합류하여 청계천으로 흘러듭니다. 지금은 모두 복개되어 물줄기를 찾아볼 수가 없습니다.

한양 도성의 좌청룡 산줄기에서 벗어난 한 지맥이 낙산 정상에서 동쪽으로 뻗어나가 숭인동과 보문동 사이에 봉우리 하나를 만들었는데 이를 동망봉東望峰이라 합니다. 단종이 영월로 귀양 갔을 때 단종 비 송씨가 인근에 있는 청룡사에 살면서 매일 산봉우리에 올라 동쪽의 영월을 바라보며 단종을 그리워했다고 붙여진 이름입니다.

낙산 끝자락에는 한양 사부학당의 하나였던 동학東學이 있었습니다. 여진족 사신들이 묵는 북평관은 얼마 전까지 이화여대 부속병원이 있던 곳 부근에 자리하고 있었습니다.

조선시대의 외교정책은 사대선린事大善隣으로 중국을 사대事大하고 북으로 여진족과 동으로 일본과는 선린善隣하였습니다.

낙산 일대의 성벽과 도성 밖 풍경.

이들 세 나라에서 오는 사신들이 머물 수 있도록 요즘의 대사관과 같은 관청을 두었습니다. 중국 사신은 한양 도성의 정문인 숭례문으로 들어와 덕수궁 주변에 있던 태평관에서, 일본 사신은 남소문인 광희문으로 들어와 목멱산 북쪽 자락에 있던 동평관에서, 여진족 사신은 동소문인 혜화문으로 들어와 낙산 끝자락에 있던 북평관에서 묵었다고 합니다.

동대문역사문화공원의 땅 속에서 역사를 읽다

좌청룡인 낙산이 우백호인 인왕산에 비해 그 지세가 매우 허약하여 풍수지리적인 비보책裨補策을 많이 썼습니다. 낙산의 지세를 연장하기 위해 흥인지문 옆에 청계천을 준설한 흙으로 가산假山을 쌓았고, 한양 사대문과 사소문의 글씨가 모두 세 글자인데 흥인지문興仁之門은 산맥을 연상

옹성으로 둘러싸인 흥인지문.

동대문 일대를 그린 겸재의 그림 〈동문조도〉.
동대문 밖의 기와집은 동묘.

케 하는 갈 지ㄹ자를 한 자 더 추가하였습니다. 또한 다른 사대문에서는 볼 수 없는 성곽을 한 겹 더 둘러친 옹성을 구축하였습니다.

　이러한 비보책을 알고 있던 일본은 침략 이후 가산을 쓸어버리고 그곳에 운동장을 만들었습니다. 최근에는 헐어버린 운동장에 동대문역사문화공원과 동대문디자인플라자가 들어서 있습니다.

　동대문역사문화공원에서 눈여겨 볼 것은 복원된 성곽 터 아래 부분에 설치된 이산수문二間水門입니다. 목멱산에서 흘러내리는 물길 중 도성안에서 청계천으로 유입되지 않은 물을 도성 밖으로 내보내는 두 개의 구멍으로 된 수문입니다.

　도성 안의 다섯 물줄기인 백운동천, 옥류동천, 삼청동천, 쌍계동천, 청학동천의 모든 물은 청계천으로 합류하여 동쪽으로 흘러갑니다. 청계천 물은 흥인지문과 동대문역사문화공원 사이에 다섯 개의 홍예 모양으

동대문역사문화공원을 조성하면서 발굴된 유적.

청계천 물이 빠져나가는 오간수문의 옛 모습.

도성 안에서 청계천으로 합류하지 않는 남산 일대의 물이 빠져나가는 이간수문.

로 물길을 낸 오간수문을 통해 도성을 빠져나갑니다.

동대문역사문화공원을 지나면 남소문인 광희문을 만나게 됩니다. 건국 초기에는 장충단공원에서 한남동으로 넘어가는 언덕에 따로 남소문을 세웠는데, 효용성이 없어 폐쇄되고 말았습니다. 이 때문에 광희문은 초기에는 남소문과 구별하여 수구문水口門이라고 불렸습니다. 한양의 물길이 지나가는 오간수문과 이간수문이 가까이 있었기 때문입니다. 또 다른 이름으로 시구문屍口門이라고도 불렀습니다. 도성의 장례행렬이 서쪽은 서소문인 소의문으로, 동쪽은 광희문으로 지나갔기 때문입니다.

광희문은 인조와 특별한 인연이 있는 문입니다. 인조는 이괄이 난을 일으켰을 때 공주 공산성으로 도망갔고 병자호란 때는 남한산성으로 도망쳤는데, 두 번 모두 광희문을 통해 도성을 빠져 나갔다고 합니다.

동묘東廟는 중국의 유명한 장수인 관우를 모신 사당인 관왕묘인데, 동

관묘라고도 불리는 동묘.

쪽에 있다고 동묘라고 불렀습니다. 임진왜란 때 조선과 명나라가 왜군을 물리치게 된 까닭이 관우 장군의 덕을 입었기 때문이라고 여겨 명나라 황제가 건립 비용을 대고 현액懸額을 보내왔습니다.

관왕묘는 임진왜란 이후 동대문 밖에 동묘, 남대문 밖에 남묘가 설치되었고, 조선 말 고종 때 명륜동에 북묘, 서대문 천연동에 서묘가 세워졌습니다. 지금은 동묘와 남묘만 남고, 서묘와 북묘는 없어졌으며, 남묘는 사당동으로 이전하였습니다.

서울 남산과
청학동천 길

기행 코스

한양 도성의 안산인 목멱산과 청학동천에 남아 있는
문화유적을 둘러보는 여정

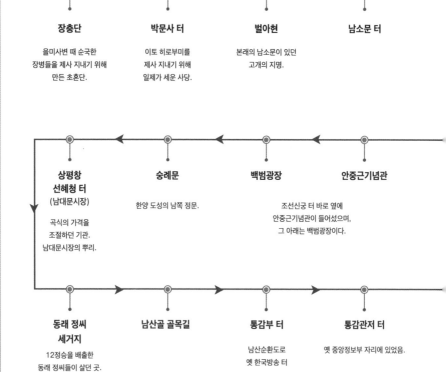

장충단

을미사변 때 순국한
장병들을 제사 지내기 위해
만든 초혼단.

박문사 터

이토 히로부미를
제사 지내기 위해
일제가 세운 사당.

벌아현

본래의 남소문이 있던
고개의 지명.

남소문 터

**상평창
선혜청 터**
(남대문시장)

곡식의 가격을
조절하던 기관.
남대문시장의 뿌리.

숭례문

한양 도성의 남쪽 정문.

백범광장

조선신궁 터 바로 옆에
안중근기념관이 들어섰으며,
그 아래는 백범광장이다.

안중근기념관

**동래 정씨
세거지**

12정승을 배출한
동래 정씨들이 살던 곳.

남산골 골목길

통감부 터

남산순환도로
옛 한국방송 터

통감관저 터

옛 중앙정보부 자리에 있었음.

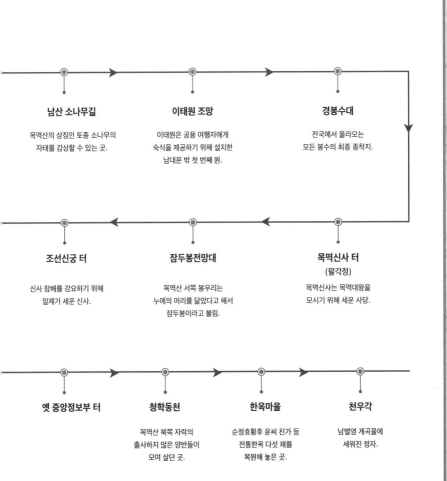

남산 소나무길

목멱산의 상징인 토종 소나무의
자태를 감상할 수 있는 곳.

이태원 조망

이태원은 공용 여행자에게
숙식을 제공하기 위해 설치한
남대문 밖 첫 번째 원.

경봉수대

전국에서 올라오는
모든 봉수의 최종 종착지.

조선신궁 터

신사 참배를 강요하기 위해
일제가 세운 신사.

잠두봉전망대

목멱산 서쪽 봉우리는
누에의 머리를 닮았다고 해서
잠두봉이라고 불림.

목멱신사 터
(팔각정)

목멱신사는 목멱대왕을
모시기 위해 세운 사당.

옛 중앙정보부 터

청학동천

목멱산 북쪽 자락의
출사하지 않은 양반들이
모여 살던 곳.

한옥마을

순정효황후 윤씨 친가 등
전통한옥 다섯 채를
복원해 놓은 곳.

천우각

남별영 계곡물에
세워진 정자.

서울 남산 목멱산의 내력

목멱산木覓山은 북쪽의 백악, 동쪽의 낙산, 서쪽의 인왕산과 더불어 한양 도성의 내사산 가운데 하나입니다. 도성의 남쪽에 위치하여 풍수지리적으로 안산의 역할을 하며, 이 산줄기에서 북쪽 사면으로 흐르는 물줄기를 청학동천青鶴洞天이라고 합니다.

흔히들 남산으로 부르고 있지만 본래 이름은 목멱산입니다. 서쪽 봉우리는 누에의 머리를 닮았다고 해서 잠두봉蠶頭峯이라고도 합니다. 누에의 머리가 향하는 한강 건너편에 지금의 '국립양잠소'와 같은 '잠실도회蠶室都會'가 조선 초부터 설치되어, 잠실리라고 불렸습니다. 행정구역 개편으로 서울에 편입될 때 잠실리의 '잠蠶'자와 가까이에 있는 신원리의 '원院'자를 따서 잠원동蠶院洞이라 하였는데, 이미 송파구에 잠실동이 있기 때문에 중복을 피하기 위해서였습니다. 지금의 고속터미널 부근 잠원동이 그곳입니다.

조선을 건국한 태조 이성계는 개성에서 한양으로 천도하면서 백악을 호국의 상징인 진국백鎭國伯에 봉하고 그곳에 백악신사를 지어 백악신과 삼각산신을 모셨으며, 목멱산에는 국사당을 세워 목멱대왕을 모셨습니다. 목멱대왕이라 불린 것은 나라에 큰일이 일어났을 때 하늘에 제사를 지냈기에 붙여진 이름입니다. 우리가 흔히 말하는 남산은 고유명사가 아

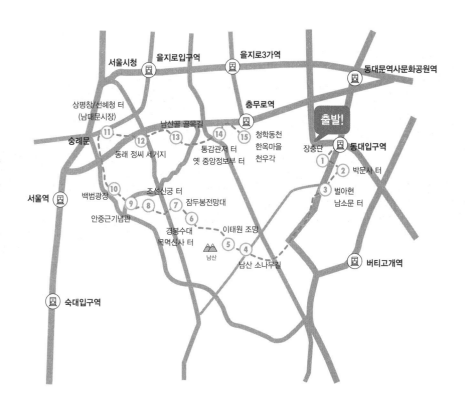

서울시청　을지로입구역　을지로3가역　동대문역사문화공원역

상평창/선혜청 터
(남대문시장)

숭례문
남산골 골목길

충무로역

⑪　⑫　⑬　⑭　⑮　청학동천
한옥마을
천우각

동래 정씨 세거지

통감관저 터
옛 중앙정보부 터

출발!

장충단

동대입구역

①
②　박문사 터

③　벌아현
　　남소문 터

서울역

백범광장

⑩
⑨　⑧　⑦　잠두봉전망대
조선신궁 터

안중근기념관

⑥

경봉수대
목멱신사 터

⑤　④
남산 소나무길

이태원 조망

남산

버티고개역

숙대입구역

일제에 항거했던 순국자들의 초혼단인 장충단에서 시작하여
남산(목멱산)을 동에서 서로 종주합니다. 이어서 숭례문에서부터
한옥마을 일대까지 남산의 북쪽 기슭을 다시 동쪽으로 이동하게 됩니다.

옛 조선신궁 터에서 바라본 목멱산 잠두봉(왼쪽 바위 봉우리).

니고 대명사입니다.

우리의 전통부락은 전해져 오는 풍수지리적 사상에 따라 배산임수背
山臨水의 지형에 남쪽을 바라보는 자리에 터를 잡은 곳이 많습니다. 큰 고
을은 대부분 산으로 에워싸인 분지형 땅에 앞에 내川가 흐르는 형국입니
다. 이러한 지형적인 특성 때문에 모든 고을의 앞산은 남산일 수밖에 없
으며, 도읍인 한양도 예외일 수가 없었습니다.

목멱대왕을 모시던 국사당은 일제가 국사당 아래 조선신궁을 세우면
서 인왕산 선바위 부근으로 강제 이전해야 했으며, 그 규모가 많이 축소
되어 현재에 이르고 있습니다. 국사당이 있던 자리에는 팔각정이 들어서
있습니다.

전국 모든 봉수의 종착지는 목멱산 경봉수대였다

조선의 통신체계는 파발擺撥과 봉수烽燧의 두 종류가 있었는데, 목멱산에는 봉수의 최종 종착지인 경봉수대京烽燧臺가 설치되어 있었습니다. 파발은 말을 타고 가서 직접 전하는 방식이고, 봉수는 불을 피워 연락을 하는 방식입니다. 불을 피우는 봉수대는 멀리 바라보기 좋은 높은 산봉우리에 설치하여 '밤에는 횃불烽을 피우고, 낮에는 연기燧를 올려晝煙夜火' 외적이 침입하거나 난리가 일어났을 때에 위급한 소식을 궁궐에 전달하였습니다.

봉수제도는 삼국시대를 거쳐 고려 의종 때 확립되었으므로 봉수대 시설도 그때 확충되었을 것으로 추정됩니다. 조선시대에는 1422년(세종 4)에 각 도의 봉수대 시설을 정비하기 시작하여 5개 노선 650여 개의 봉수가 1438년(세종 20)에 완비되었습니다.

목멱산의 경봉수대.

18세기 말에 제작된 산수화풍의 〈도성도〉.
남쪽을 바라보며 정사를 살피는 국왕의 시각에 맞추어 목멱산이 지도 상단으로, 북악이 하단에 배치된 게 특징이다.

잠두봉 전망대에서 바라본 인왕산과 안산.

잠두봉에서 그린 20세기 초의 서울 시가지(도리고에 세이키 그림).
오른쪽에 명동성당이 보이고, 두 그루의 굵은 소나무가 인상적이다.

제1봉수로는 경흥을 기점으로 함경도, 강원도의 봉수를 양주 아차산 봉수대(신내동)에서, 제2봉수로는 동래 다대포를 기점으로 경상도의 봉수를 경기도 광주 천림산(천천현) 봉수대에서, 제3봉수로는 강계를 기점으로 평안도, 황해도의 내륙 봉수를 무악 동봉수대에서, 제4봉수로는 의주를 기점으로 평안도, 황해도의 해안 봉수를 무악 서봉수대에서, 제5봉수로는 순천을 기점으로 전라도, 충청도의 봉수를 양천 개화산 봉수대에서 받아서 목멱산에 있는 경봉수京烽燧로 전하였습니다. 경봉수에 모인 정보는 병조에 종합 보고되고, 병조에서는 승정원에 알려 임금께 아뢰었습니다.

평안도와 황해도를 잇는 노선이 두 개인 것은 당시 조선이 중국을 사대事大하고 있었기 때문에, 그쪽의 통신망이 발달될 수밖에 없었을 것입니다.

봉수는 전황에 따라 5번을 올리는데, 이상이 없는 평상시에는 1홰, 적이 나타나면 2홰, 경계에 접근하면 3홰, 경계를 침범하면 4홰, 접전중이면 5홰를 올리도록 되어 있었습니다. 각 봉수대마다 5개의 굴뚝이 있는 것은 그 때문입니다. 안개가 끼고 비바람이 심하게 부는 날에는 화포나 나팔과 같은 소리를 이용하여 전달하였고, 이마저도 여의치 않을 경우에는 깃발을 사용하거나 봉수군이 직접 다음 연락 지점으로 달려가 소식을 전했습니다.

정자와 시단이 즐비했던 청학동천

목멱산의 북쪽 자락 중앙에 위치한 청학동천에는 출사하지 않은 양반들이 많이 모여 살았습니다. 뿐만 아니라 북촌에 거주하는 출사한 사대부들이 모여 시회詩會를 열던 정자와 시단詩壇도 많았습니다.

그중에서 특히 유명한 것은 이안눌의 집에 있던 동악시단이었습니다. 동산 기슭에 단을 쌓고 당대 명인인 이호민, 권필, 홍서봉 등과 어울려 시회를 즐겼습니다. 그 단壇을 이안눌의 호를 빌려 동악시단이라고 불렀는데, 동악선생시단東岳先生詩壇이라고 바위에 음각한 글씨가 지금의 동국대학교 중문 근처에 남아 있습니다.

영조 때 문신인 조현명의 귀록정歸鹿亭과 고종 때 영의정을 지낸 이유원의 쌍회정雙檜亭, 정원용의 화수루花樹樓 등의 정자도 청학동천에 있었습니다. 남별영南別營 계곡물에 세워진 천우각은 여름철 피서지로 특히 유명했습니다.

남산 한옥마을로 옮겨온 북촌의 한옥.

무학대사가 집터를 잡아준 조선 건국공신 권람의 집터 위에는 소조당 유적이 남아 있는데, 나중에 후조당이라고 했다가 녹천정으로 이름이 바뀌어 전해지고 있습니다.

　녹천정 동쪽의 필동 골짜기 둔덕 바위 위에는 '청학동이상국용재서사유지靑鶴洞李相國容齋書舍遺址'라 새긴 암각 글씨가 남아 있는데 청학도인이라 불린 이행의 집터입니다. 이행은 우의정과 대제학 같은 높은 벼슬자리에 오른 몸이건만, 이곳에 공부방을 꾸미고 퇴궐 후에는 망건에 무명옷 차림으로 동산을 거닐었다고 합니다. 지금은 이곳에 남산 한옥마을이 들어서 있습니다.

　남산 한옥마을은 1993년부터 1997년까지 4년여의 공사 끝에 전통 한옥 다섯 채를 복원해 놓은 곳입니다. 순정효황후 윤씨 친가, 해풍 부원군 윤택영댁 재실, 부마도위 박영효 가옥, 오위장 김춘영 가옥, 도편수 이승업 가옥을 복원하고, 남산의 산세를 살린 계곡을 만들어 물길을 끌어들이고 정자와 연못을 갖춘 전통양식의 정원을 꾸몄습니다.

천우각 연못에 핀 연꽃.

서애 유성룡과 충무공 이순신이 인연을 맺은 곳은 이곳 청학동천 아랫마을이었습니다. 어릴 때 함께 살았던 인연으로 임진왜란 때 유성룡에 의해 충무공이 발탁되어 임진왜란의 영웅이 될 수 있었습니다. 충무공이 자란 곳이라고 해서 청학동천 아래를 충무로라고 부르고 있습니다.

목멱산의 동쪽 자락에는 훈련원이 있어 하급 장교들이 많이 모여 살았습니다. 그들에게는 따로 월급이 지급되지 않았습니다. 대신 필요한 의복을 공급하였기에 그들은 그 의복을 난장에 내다 팔기도 하고, 천으로 댓님과 띠, 댕기 등을 만들어 팔기도 했습니다. 이렇게 하여 들어선 것이 배오개 난장인데, 그것이 발달하여 지금의 광장시장이 되었습니다.

훈련원 옆에 있던 군사훈련장인 예장藝場은 목멱산 남쪽 자락의 녹사장, 북악 아래 경복궁 신무문 밖의 공터(지금의 청와대)와 더불어 조선시대 씨름대회 장소로 유명했습니다. 지금의 예장동이라는 동명과 녹사평이라는 전철역 이름은 이로부터 말미암은 것입니다.

이처럼 청계천 하류에 해당되는 목멱산 동쪽 산줄기 아래 지역에는 훈련원이 자리하고 있던 까닭에 무인인 하급 장교들이 모여 살았습니다. 이곳을 '아랫대'라고 불렀는데, 경복궁의 궐내각사闕內閣舍에 출근하는 문인인 경아전京衙前들이 많이 모여 살던 인왕산 아래 청계천 상류지역을 '우대'라고 부르던 것과 대비가 됩니다. 조선시대에는 하급관리들에게도 문무의 차별이 있었나 봅니다.

장춘단, 일제에 항거했던 순국자들의 초혼단

같은 동쪽 기슭에 남아 있는 장충단은 을미사변 때 순국한 훈련대 연

김홍도의 그림 〈남소영〉.

대장 홍계훈과 궁내부대신 이경직 이하 여
러 장병들을 제사 지내기 위해 1900년에 만
든 초혼단招魂壇으로, 그 후 임오군란과 갑신
정변, 그리고 춘생문 사건에서 순직한 장병
들도 함께 합사하였습니다. 이곳에 제향된
인물은 대부분 일제에 항거한 고종을 호위
하던 사람들입니다.

순종의 글씨가 새겨진 장충단 비석.

　을사늑약을 감행한 일제는 1908년에 대
일감정을 악화시킨다는 구실로 장충단의 제
사를 금지시키고, 민영환이 쓴 비석도 숲속
에 방치하였으며, 1919년에는 장춘단 일대에 벚꽃 수천 그루를 심어 공
원으로 만들었습니다. 장춘단 위쪽에는 이토 히로부미를 제사 지내는 박
문사를 세웠는데, 경희궁의 정문인 흥화문을 옮겨다가 사당의 정문으로

을미사변, 임오군란, 갑신정변 때 순국한 장병들의 초혼단인 장충단.

사용하였습니다. 해방 후 박문사는 폐사되었지만, 흥화문은 여전히 그 자리에 서 있다가 1988년에야 경희궁 복원계획에 의해 경희궁 터로 돌아갈 수 있었습니다.

장충단을 지나 한남동으로 넘어가는 고개에는 목멱산에서 장충동으로 이어지는 도성이 잘려나가고, 그 언저리에 호텔이 들어서 있습니다. 조선 초기에는 남소문이 있던 자리입니다. 남쪽의 작은 문으로 광희문과 남소문이 있었으나, 남소문은 곧 폐쇄되고 맙니다. 남소문이 목멱산과 이어져 있어 도적의 출몰이 잦을 뿐만 아니라 너무 높은 곳에 위치해 백성들이 잘 다니지 않고 광희문 쪽으로 돌아 다녔기 때문입니다.

남소문이 있던 고개는 풍수지리적인 이유로 약수동에서 한남동으로 넘어가는 고개와 더불어 벌아현伐兒峴이라고 불렀습니다. 벌아현은 지금의 약수동 고개에 세워진 지하철역인 버티(벌주는 고개라는 뜻)라는 이름으로 남아 있습니다.

신라 호텔 자리는 이토 히로부미를 제사 지내던 박문사 터였다.

청계천 복개공사 때 장충단으로 옮겨온 수표교.

청계천에 놓여 있던 수표교와 수표의 옛 사진.

지금은 한남대교가 놓인 한강진.

한양의 종조산宗祖山에 해당하는 삼각산 세 봉우리 중의 하나인 인수
봉은 수려한 자태를 뽐내지만, 허리 부분쯤에 조그마한 바위가 불거져
나와 있어 멀리서 보면 그 모양이 마치 어머니가 아이를 업고 있는 모습
으로 보입니다. 부아악負兒岳이라고 불린 까닭입니다. 그런데 아이가 어머
니 품속을 벗어나면 위험하므로 때로는 혼내주고 때로는 얼러줄 필요가
있어서, 아이를 혼내 준다는 버티고개와 떡으로 달랜다는 떡전고개의 지
명이 생겼습니다. 당근과 채찍으로 아이를 혼내고 달래며 엄마 등에 가
만히 있기를 바라던 마음에서 그리 하였을 것입니다.

동래 정씨 한양 세거지에 남아 있는 은행나무.

이야기가 있는 서울 길

남대문시장은 어떻게 생겨났나

목멱산 서쪽 자락에는 중종 때 영의정을 지낸 정광필 이후 12정승을 배출한 명당 터인 동래 정씨 세거지가 있었습니다. 지금은 우리은행 본점 앞에 큰 은행나무가 그 영광을 대신하여 쓸쓸하게 서 있습니다.

수령 5백 년이 넘는 이 은행나무에는 영험한 전설이 전해지고 있습니다. 어느 날 정광필의 꿈에 하얀 수염을 길게 드리우고 흰 도포를 입은 선인이 나타나 은행나무에 정일품이 두르는 각대인 무소의 뿔로 만든 서각대 12개를 걸어놓고 홀연히 사라졌다고 합니다. 그 후 이곳에서 13대에 걸쳐 12명의 정승이 배출되어 그 꿈의 영험함을 증명하였다는 것입니다.

정광필은 조선 중종 때의 문신으로 1492년(성종 23) 과거에 급제하여 관직의 길에 들어섰고, 부제학과 이조참의를 지냈습니다. 1502년(연산군 10)의 갑자사화 때 왕에게 극간하다가 아산으로 귀양을 갔으나, 1506년(중종 1) 중종반정으로 관직에 복귀해 우의정과 좌의정을 거쳐 2차례 영의정에 올랐습니다. 조광조의 급진적 개혁정치에는 반대하였으나, 기묘사화 때 조광조에 대한 선처를 호소하다 좌천되기도 하였습니다.

이곳은 선조 때 좌의정 정유길의 외손자인 김상용, 김상헌 형제가 태어난 곳이기도 한데, 조선조 말에 영의정 등 최고 관직에 올랐던 정원용이 집을 호화롭게 가꾸면서 더욱 유명해졌습니다. 정원용은 과거에 급제한 1802년(순조 2)부터 사망할 때까지 4명의 임금을 모신 인물로, 그가 평생 기록한 일기인 《경산일록經山日錄》은 조선 말기 격랑의 정치사와 생활사의 중요한 자료입니다.

참고로 12정승을 열거해 보면 선조 때 좌의정 정유길, 선조 때 우의

정 정지연, 인조 때 좌의정 정창연, 인조, 효종, 현종 때 영의정 정태화, 효종 때 좌의정 정치화, 효종 때 좌의정 정지화, 현종 때 우의정 정재숭, 영조 때 좌의정 정석오, 정조 때 우의정 정홍순, 정조 때 영의정 정존겸, 철종 때 영의정 정원용, 순종 때 좌의정 정범조입니다.

숭례문은 한양 도성의 남쪽 정문이라서 달리 남대문이라고도 부릅니다. 1395년(태조 4)에 짓기 시작하여 1398년(태조 7)에 완성되었습니다. 그 후 1447년(세종 29)과 1479년(성종 10)에 비교적 대규모의 보수 공사가 있었습니다. 특히 세종 때의 개축은 기록에 표현된 대로 '신작新作', 즉 새로 짓는 것과 마찬가지일 정도의 대규모 공사였습니다. 숭례문이 위치한 자리가 낮아 정문으로서 품위가 없을뿐더러 남쪽 목멱산과 서쪽 인왕산을 연결하는 이곳의 지대를 높여 경복궁이 아늑한 지세 안에 있게 하자는 풍수지리적인 이유 때문이었습니다.

목멱산에서 남대문인 숭례문으로 이어지는 한양 도성.

지금은 지붕 형태가 우진각 지붕이지만, 당초에는 평양 대동문, 개성 남대문과 같은 팔작지붕이었습니다. 임진왜란과 한국전쟁의 화마도 비켜간 서울에서 가장 오래된 목조건물이었으나, 2008년 2월 10일의 방화로 2층 문루는 90%, 1층 문루는 10%가 소실되고 말았습니다. 2010년 2월부터 3년여 기간 동안 복구공사를 진행해 지금의 모습으로 복원되었습니다.

남대문 밖에는 인공 연못인 남지南池가 자리하고 있었습니다. 한양의 조산朝山인 관악산의 형세가 화성火星으로 예로부터 '왕도남방지화산王都南方之火山'이라 하여 화기火氣의 산이었기 때문에, 이러한 화기를 누르기 위한 여러 비보책이 나왔습니다. 관악산 옆에 자리한 삼성산에 연못을 설치하고, 관악산 주봉인 연주대에는 아홉 개의 방화부防火符를 넣은 물단지를 놓아두었으며, 숭례문 앞에는 인공연못을 팠습니다. 그리고 한양 도성 사대문의 글씨는 모두 가로로 썼지만, 남대문만은 숭례문崇禮門이라고 세로로 쓰여 있습니다. 숭례문의 례禮는 5행行의 화火에 해당하고 숭崇은 불꽃이 타오르는 상형문자이므로, 숭례崇禮라는 이름은 세로로 써야 불이 타오를 수 있고, 이렇게 타오르는 불로 관악의 화기를 막을 수 있다고 생각했습니다. 그야말로 불로써 불을 제압하고以火制火 불로써 불을 다스리는以火治火 셈입니다.

편액의 글씨를 쓴 사람에 관해서는 여러 가지 설이 있으나, 《지봉유설》에는 양녕대군이 썼다고 기록되어 있습니다.

숭례문 옆에 있었던 상평창은 곡식의 가격을 조절하기 위해 곡식을 사들이고 내다 파는 일을 하던 곳으로, 상평常平이란 상시평준常時平準의 줄임말입니다. 풍년이 들어 곡물 가격이 떨어지면 곡물을 사들여서 가격을 올리고, 흉년이 들어 값이 폭등하면 상평창의 곡물을 풀어 가격을 떨어

숭례문의 옛 사진.

높은 빌딩 숲속에 옹색하게 서 있는 대한민국 국보 1호 숭례문.

뜨리는 제도였습니다. 그러다가 대동법이 실시되면서 공납과 진상으로 거둬들인 곡물이나 특산물을 보관하던 기관인 선혜청의 창고인 선혜창으로 이름이 바뀌었습니다.

상평창일 때는 곡물만 있어 난장이 서지 않았으나, 선혜청 창고로 바뀌면서 많은 종류의 물건이 거래되는 난장이 형성되었습니다. 이를 일러 '새로 들어선 창고 안에 펼친 난장'이라는 뜻의 신창내장新倉內場이라고 불렀습니다. 지금의 남대문 시장의 뿌리는 바로 이 시기까지 거슬러 올라가게 되며, 그 흔적이 남창동, 북창동이라는 동네이름으로 남아 있습니다.

외국인이 많이 거주한 이태원과 남산 북쪽 자락

조선시대에 도로가 발달되면서 중앙과 지방간의 문서전달, 공세貢稅의 수송, 또는 관료들의 공무 여행 때 마필의 잠자리나 먹이 등을 제공하기 위해 백 리마다 원院을, 30리마다 역驛을 두었습니다. 원은 공용 여행자에게 숙소와 식사를 제공하기 위해 역 가까이에 설치하는 경우가 많았습니다.

도성 밖 첫 번째 원은 동쪽은 흥인지문 밖의 보제원, 서쪽은 무악재 넘어 홍제원, 남쪽은 목멱산 아래 이태원과 광희문 밖의 전관원이었습니다. 이태원은 목멱산 남쪽자락, 지금의 용산고등학교 정문 부근에 있었습니다.

조선 초기에 원의 역할을 하던 이태원은 임진왜란과 병자호란을 겪은 후, 외국인들을 일컫는 이타인異他人들이 모여 사는 곳으로 바뀌었습니다. 임진왜란 이후 미처 일본으로 건너가지 못한 일본인들이 이곳에 모

'남산 위의 저 소나무' 군락지 입구.

여 살았고, 병자호란 때 중국에 끌려갔다가 돌아온 여인들이還鄕女 얼굴 모양새가 다른異胎 자식들과 함께 모여 살던 곳이기도 합니다.

이런 연유인지는 모르겠으나 지금도 이태원에는 외국인들이 많이 살고 있습니다. 가까이에 위치한 용산이 일본군과 중국군과 미군이 차례로 점령하여 머물던 외국군 주둔지인 것도 한 번 새겨볼 일입니다.

목멱산의 상징인 '남산 위의 저 소나무'는 이곳 남쪽 기슭에 자생하고 있습니다. 최근에는 이곳을 보호구역으로 지정하여 훼손을 방지하는 한편 조림 육성에 힘쓰고 있습니다. 우리나라 토종 소나무의 멋있는 자태를 감상할 수 있는 곳입니다.

목멱산 북쪽 자락에는 일본인들과 연관된 유적이 많이 남아 있습니다. 남산 3호 터널 입구인 인현동에는 일본 사신이 머물던 지금의 일본

조선신궁을 오르던 계단이 지금까지 남아 있다.

대사관에 해당하는 동평관이 있었고, 일제강점기에는 남산 순환도로 옛 한국방송 터에 조선통감부가, 그리고 남산 1호 터널 입구 옛 중앙정보부 자리에는 조선통감의 관저가 들어섰습니다. 지금의 서울시교육청 남산 도서관 자리에 조선신궁을 건설하여 신사참배를 강요하고, 목멱산 아래 본정방本町坊(지금의 명동)에 일본인 상권이 형성되면서 종로와 동대문의 조선인 상권을 압도하기 시작합니다.

이런 연유에서인지 목멱산 아래 명동 일대는 지금도 일본인 관광객들이 제일 선호하는 관광 코스입니다. 최근에는 인현동에서 남산 순환도로에 이르는 가파른 언덕길 골목에 일본 관광객을 위한 게스트하우스들이 많이 들어서고 있습니다.

조선신궁 터 바로 옆에 안중근기념관이 들어서고, 그 아래 백범 광장이 새롭게 조성된 것은 무척 다행스러운 일입니다.

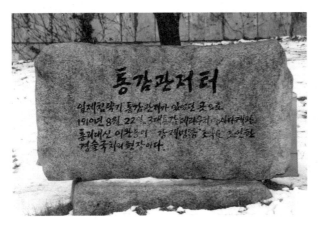

남산 1호 터널 북쪽 입구에 있던 통감관저 터의 표지석.

안중근기념관 안에 자리한 안중근 의사의 동상.

도성 밖 으뜸 경치,
성북동천 길

기행 코스

'자하문 밖'과 함께 도성 밖 경치 좋은 곳의 으뜸으로 꼽히던
성북동천 일대의 문화유적을 둘러보는 여정

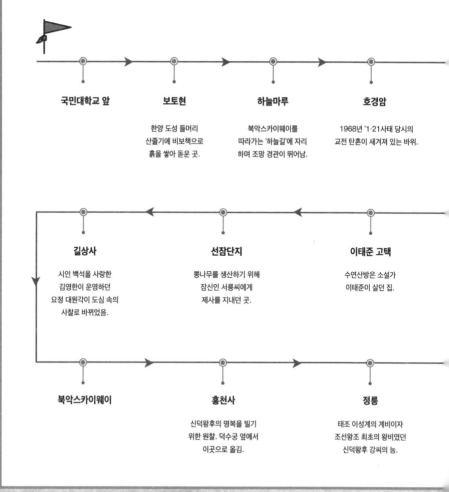

국민대학교 앞

보토현

한양 도성 들머리
산줄기에 비보책으로
흙을 쌓아 돋운 곳.

하늘마루

북악스카이웨이를
따라가는 '하늘길'에 자리
하며 조망 경관이 뛰어남.

호경암

1968년 '1·21사태 당시의
교전 탄흔이 새겨져 있는 바위.

길상사

시인 백석을 사랑한
김영한이 운영하던
요정 대원각이 도심 속의
사찰로 바뀌었음.

선잠단지

뽕나무를 생산하기 위해
잠신인 서릉씨에게
제사를 지내던 곳.

이태준 고택

수연산방은 소설가
이태준이 살던 집.

북악스카이웨이

흥천사

신덕왕후의 명복을 빌기
위한 원찰. 덕수궁 옆에서
이곳으로 옮김.

정릉

태조 이성계의 계비이자
조선왕조 최초의 왕비였던
신덕왕후 강씨의 능.

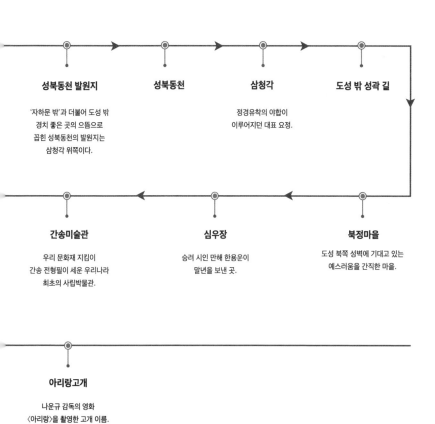

성북동천 발원지

'자하문 밖'과 더불어 도성 밖
경치 좋은 곳의 으뜸으로
꼽힌 성북동천의 발원지는
삼청각 위쪽이다.

성북동천

삼청각

정경유착의 야합이
이루어지던 대표 요정.

도성 밖 성곽 길

간송미술관

우리 문화재 지킴이
간송 전형필이 세운 우리나라
최초의 사립박물관.

심우장

승려 시인 만해 한용운이
말년을 보낸 곳.

북정마을

도성 북쪽 성벽에 기대고 있는
예스러움을 간직한 마을.

아리랑고개

나운규 감독의 영화
〈아리랑〉을 촬영한 고개 이름.

백두산 정기를 백악까지 이어라

백두대간이 남으로 뻗어 내려오다가 강원도와 함경남도의 경계를 이루는 추가령에서 갈라져 서남쪽으로 뻗은 산줄기를 한북정맥이라고 부릅니다. 정맥의 본줄기는 도봉산에서 서쪽으로 방향을 잡고 노고산과 고봉산을 지나 장명산에서 서해로 숨어들고, 다른 한 줄기는 남쪽으로 방향을 돌려 삼각산의 세 봉우리 백운봉, 인수봉, 만경봉을 일군 다음 보현봉과 형제봉, 구준봉을 지나 마침내 한양의 주산인 백악에 이르게 됩니다.

이러한 산줄기의 흐름을 풍수지리적으로는 내룡來龍이라고 일컫습니다. 자연이 어우러져 형성된 기운이 산줄기의 뻗침을 따라 전해져 온다고 믿었던 우리 선조들은, 민족의 영산 백두산의 헌걸찬 정기가 산줄기를 타고 한양의 주산인 백악으로 이어져 그 기운을 한양 도읍에 불어넣어 준다고 생각하였습니다.

그런데 형제봉에서 북악까지 이어지는 산줄기가 한양 도성으로 들어오는 들머리에 해당되는 곳이 크게 내려앉아 병목현상을 일으키는 까닭에 비보책이 필요하였습니다. 나라에서는 세검정에 있던 총융청에 보토처를 설치하였습니다. 그리고 특별한 날을 잡아 백성들을 동원해 내려앉은 안부에 흙을 퍼 날라 돋워줌으로써 산의 기운이 원활히 이어지도록

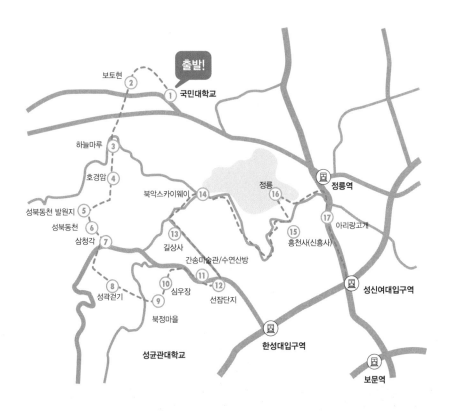

성북동천은 예로부터 복숭아꽃이 유명했으며, 단풍 또한 절경입니다.
먼저 국민대 입구에서 북악 터널 위로 오릅니다. 보토현에서 북악으로 이어지는
산줄기를 타고 성북동천으로 이동한 다음 한양 도성을 따라 걷습니다.
북정마을에서 성북동으로 접어들어 심우장, 간송미술관, 길상사 등을 답사합니다.
이어서 북악스카이웨이를 가로질러 정릉과 아리랑고개로 나아갑니다.

구준봉에서 내려다 본 좌청룡 한양 도성과 북대문인 숙정문.

하였습니다. 이곳이 보토현補土峴이라고 불리게 된 것은 이처럼 흙을 보충한 고개이기 때문입니다. 보토현 아래에는 현재 북악터널이라는 커다란 구멍이 뚫려 있습니다. 좋은 기운이 서울 장안까지 뻗어가기는 이젠 글렀나 봅니다.

조선시대 한양 사람들은 인왕산의 살구꽃, 서대문 밖 서지의 연꽃, 동대문 밖 동지의 수양버들, 세검정의 수석, 성북동천의 복숭아꽃 구경을 으뜸으로 꼽았습니다. 아쉽게도 서지의 연꽃, 동지의 버드나무, 세검정의 수석은 그 자취를 다시 찾아볼 수 없게 되었습니다. 연못은 평지가 되고 계곡은 복개되어 원형 복원이 어렵습니다. 하지만 인왕산과 북둔 일대에는 지금이라도 살구나무와 복숭아나무를 심으면 어떨까요. 서울시에서 정책적으로 옛 정취를 살리는 노력을 시행했으면 하는 바람입니다.

보토현. 지금은 그 밑으로 북악터널이 뚫려 있다.

1968년 1·21사태 때의 총탄 자국이 선명한 호경암.

도성 안의 수비는 3군문三軍門인 훈련도감, 금위영, 어영청이, 도성 밖의 수비는 북쪽은 세검정에 있던 총융청이, 남쪽은 남한산성에 있던 수어청이 맡았습니다. 총융청의 한 주둔지가 성북동천 상류에 있어 이곳을 북둔北屯이라고 불렀습니다. 이 일대는 복숭아나무가 많아서 홍도동, 도화동, 복사동이라 부르기도 하였는데, 이제 복숭아나무는 보이지 않고 자연 촌락 이름으로만 남아 있을 뿐입니다.

백석을 사랑한 기생 자야, 그리고 길상화가 된 김영한

성북동천 상류에는 한때 우리나라를 대표하던 두 요정 삼청각과 대원각이 자리하고 있었습니다. 박정희 군사독재 시절에 권력자와 기업 총

자연 암반 위에 쌓은 성벽. 멀리 북악스카이웨이 팔각정이 보인다.

수들이 만나 정경유착을 야합하던 곳이었습니다. 삼청각은 현재 서울시가 운영하는 음식점과 예식장으로 탈바꿈하였고, 대원각은 주인이 법정 스님에게 기부하여 지금은 길상사라는 멋진 도심 속의 사찰로 바뀌었습니다.

대원각의 소유주였던 김영한은 부친을 일찍 여의고 할머니와 홀어머니 슬하에서 성장하였는데, 금광을 한다는 친척한테 속아 알거지가 되고 말았습니다. 그는 16살 때 조선권번에 들어가 기생이 되었으며, 궁중 아악과 가무를 가르친 금하 하규일의 문하에서 예술적 소양을 쌓았습니다. 그의 기생 시절의 이름 진향眞香은 "깨끗하고 청정한 물은 잡스러운 내음을 풍기지 않는다"는 '진수무향眞水無香'에서 따온 것이라고 합니다.

그는 한국인이 가장 사랑하는 시인 가운데 한 사람인 백석과의 아름답고도 슬픈 사랑 이야기로도 유명합니다. 백석은 1918년 평북 정주에 있던 오산학교를 마치고 일본 아오야마 학원에서 영문학을 공부하였

성북동천 깊숙이 자리한 요정이었던 삼청각.

습니다. 조선일보사에서 《여성》이라는 잡지의 편집을 맡아보던 백석은 1935년 《조선일보》에 시를 발표하면서 등단하였습니다. 그는 1937년 조선일보사를 그만두고 함흥 영생여자고등보통학교 영어교사로 부임하였다가 김영한과 만났습니다.

백석이 자야子夜라 불렀던 김영한은 기생의 몸이었지만 흥사단에서 만난 스승 신윤국의 도움으로 일본 유학을 떠날 수 있었습니다. 하지만 스승이 투옥되었다는 소식을 듣고 귀국하여 함흥감옥으로 달려갑니다. 그러다가 때마침 함흥 영생여고보 교사들의 회식 장소에서 백석과 운명적으로 만나게 됩니다.

백석의 부모는 기생과 동거하는 아들이 못마땅해 백석을 자야에게서 떼어놓기 위해 강제 결혼을 시키지만, 백석은 자야의 품으로 다시 돌아갑니다. 그리고 자신을 옭아매고 있는 봉건적 관습에서 벗어나기 위해 만주로 같이 도피하자고 자야를 설득합니다. 주위의 시선이 두려웠던

성북동천이 발원하는 봉우리 구준봉. 지금은 군부대가 차지하고 있다.

자야가 이를 거절하자 백석은 홀로 만주로 떠나는데, 그 후 두 사람은 몇 차례 만나고 헤어지기를 반복합니다. 그러다가 남북이 분단되는 바람에 서울과 평양으로 갈린 채 다시는 만나지 못하고 맙니다.

어느 해 겨울, 법정 스님이 미국에 있는 한 사찰에 머물 때의 일입니다. 법정 스님을 찾아온 김영한은 대원각을 사찰로 만들고 싶다며 그 당시 시가 천억 원 정도이던 대원각을 스님께 조건 없이 시주하였습니다. 소식을 들은 기자들이 인터뷰에서 재산이 아깝지 않느냐고 물었습니다. 김영한은 "천억 원은 백석의 시 한 줄만도 못해. 다시 태어나면 나도 시를 쓸 거야"라고 대답했다고 합니다. 말년에 김영한은 《백석, 내 가슴속에 지워지지 않는 이름》(창비), 《내 사랑 백석》(문학동네) 등의 책을 내 화제를 모으기도 했습니다.

김영한은 대원각을 기증하고 법정 스님으로부터 길상화吉祥華라는 법명을 받았습니다. 이런 연유로 김영한의 법명을 따서 절 이름을 길상사

요정이었던 대원각이 도심 속 사찰 길상사로 탈바꿈하였다.

마리아를 닮은 길상사 관세음보살상.

라고 이름하게 된 것입니다. 기생 진향으로, 백석의 연인 자야로 파란만장한 삶을 살다가 가진 것을 모두 보시하고 육신은 화장하여 길상사 언덕에 산골하였으니, 정신적 스승인 법정 스님의 가르침인 '무소유'를 철저히 실천한 것 같습니다.

길상사는 본래 요정이었기에 가람 배치가 전통사찰과는 사뭇 다릅니다. 기존 건물들을 그대로 사용하고, 입구에 식당을 겸한 편의시설만 새롭게 지었습니다. 대원각의 본채는 길상사의 금당에 해당하는 극락전으로 사용되고 있습니다. 사찰 마당 한 모퉁이에 세워진 성모 마리아를 닮은 보살상은 길상사에서 눈여겨 볼 만한 조각품입니다.

심우장에서 읽는 〈오도송〉

도성의 좌청룡 산줄기인 맞은편 언덕에는 승려 시인이면서 독립지사인 만해 한용운이 말년을 보낸 심우장尋牛莊이 조촐하면서 의기 서린 모습으로 자리를 지키고 있습니다.

만해는 일제강점기 초기에는 창덕궁 옆에 있는 작은 한옥에 기거하면서 《유심惟心》이라는 잡지를 간행하고, 3·1만세운동 민족대표로 참여

만해 한용운이 만년을 보낸 심우장.

심우장 내부의 만해가
기거하던 방.

하였습니다. 그리고 노년에는 성북동천에 있는 이곳 심우장에서 생활하였습니다. 심우장은 금어 김벽산 스님이 초당을 지으려고 사둔 땅을 기증받아 1933년 조선일보사 방응모 사장 등 몇몇 유지의 도움으로 지은 것입니다.

만해는 그토록 갈망하던 해방을 1여 년 앞둔 1944년 5월 9일, 마당에 내린 눈을 빗자루로 쓸다가 쓰러져 입적하였습니다. 동지들이 미아리에서 화장하여 망우리 공동묘지에 안장하였는데, 나중에 그의 부인이었던 유숙원도 만해 옆에 나란히 잠들게 됩니다.

심우장이란 당호는 '자기의 본성인 소를 찾는다'는 심우尋牛에서 유래한 것으로, '깨달음'의 경지에 이르는 과정을 잃어버린 소를 찾는 것에 비유한 선종의 열 가지 수행 단계를 말합니다. 현판은 만해와 함께 독립운동을 했던 서예가 오세창이 쓴 것입니다.

심우장에 걸려 있는 만해의 〈오도송悟道頌〉은 거침없는 그의 기질을 잘 보여주는 내용입니다.

장부는 가는 곳마다 고향이거늘(男兒到處是故鄕)
사람들은 시름 속의 나그네로 오래도록 보내네(幾人長在客愁中)
한 소리 큰 할로 삼천대천 세계를 깨뜨리니(一聲喝破三千界)
눈 속 복사 꽃잎이 펄펄 날리네(雪裏桃花片片飛)

잠신 서릉씨에게 제사 지내던 선잠단지.

성북동천이 한양 도성의 바깥쪽을 휘감고 돌아가는 곳에 자리한 선
잠단지는 잠신인 서릉씨에게 제사를 지내던 곳으로 누에의 먹이인 뽕나
무가 많이 심어져 있습니다. 이곳에는 왕비가 친히 행차하여 양잠의 시
범을 보이곤 하였습니다.

조선시대에는 백성들에게 농사와 양잠을 권장하는 행사에 왕과 왕비
가 직접 나서서 모범을 보였습니다. 왕은 전농동에 있는 선농단先農壇에
서 농사짓는 시범을 보이고, 왕비는 성북동천 아래 선잠단先蠶壇에서 누
에치는 시범을 보이는 행사를 주관하였습니다. 그렇게 함으로서 생산이
늘어나 백성들의 먹을거리와 입을거리가 풍요롭게 되기를 소망했던 것
입니다.

선잠단 사이로 난 골목 안쪽에 있는 성락원은 철종 때 이조판서를 지
낸 심상응의 별장이었으며, 의친왕 이강이 별궁으로 사용하던 곳이기도
합니다. 성락원은 자연적 지형을 잘 이용한 별장으로 생활, 수학修學, 수

심상응의 별장이었던 성락원.

양의 기능을 지닌 앞뜰과 후원의 역할을 하는 뒤뜰로 구성되어 있습니다. 그곳에는 김정희의 글씨를 비롯한 행서체의 좋은 글씨가 바위에 새겨져 있습니다.

우리 문화재를 지킨 간송 전형필

성북동천에 놓여 있던 쌍다리를 지나서 만나게 되는 간송미술관은 간송 전형필 선생이 전 재산을 투척하여 건립한 사설 미술관입니다. 국보 70호인 《훈민정음》 원본을 비롯한 국보 12점, 보물 10점, 서울시 지정문화재 4점 그리고 겸재 정선, 추사 김정희, 단원 김홍도의 작품 등 5천여 점의 문화재가 소장되어 있습니다.

전형필은 종로에서 아흔아홉 칸 대부호의 집에서 태어나 휘문고보와 일본 와세다 대학을 졸업하였는데, 청소년 시절부터 도서 수집에 열정적이었습니다. 독립투사이자 서예가였던 오세창을 만나면서 당시 《근역서화징槿域書畵徵》이라는 역대 서화가들의 총서를 집필하고 있던 스승의 모습에 큰 감동을 받고, 온 재산을 털어 일제가 빼앗으려는 문화유산을 조선 땅에서 지켜내고자 마음먹었습니다. 1932년 27세의 전형필은 한남서림을 인수하여 《동국정운》(국보 71호), 《동래선생교정북사상절東萊先生校正北史祥節》(국보 149호) 등 소중한 고서들을 본격적으로 수집하기 시작합니다. 그러던 중 1943년 6월 《훈민정음》이 발견되었다는 소식을 듣고 당시 집 열 채 값에 해당하는 1만 원을 지불하고 손에 넣게 됩니다. 당시 한글 탄압을 일삼던 일제가 알면 문제가 될 것을 염려하여 비밀리에 보관하다가, 1945년 광복 후에 이를 공개하였습니다. 우리 역사상 최고의 발명품이자 그 창제 동기를 밝히고 있는 《훈민정음》이 보존되고 빛을 본 데는 전형필의 숨은 노력이 있었습니다.

전형필은 일본에까지 가서 우리 문화유산을 찾아오는 데 열성을 보였습니다. 조선시대 풍속화를 대표하는 신윤복의 그림이 담긴 《혜원전신첩蕙園傳神帖》(국보 135호)은 전형필이 일본에서 찾아온 대표적인 문화재입니다. 그 외에도 고려청자, 조선백자, 김홍도와 정선의 그림, 김정희의 서화 등 최고의 문화재들이 전형필의 손을 거쳐 한국으로 돌아왔습니다.

1938년 한국 최초의 사립박물관인 보화각을 설립하여 서화뿐만 아니라 석탑, 석불, 탱화 등의 문화재를 수집 보존하는 데 힘썼습니다. 보화각은 1966년에 그의 호를 따서 간송미술관으로 이름이 바뀌어 지금에 이르고 있습니다.

문화재 보호를 위해 매년 5월과 10월 두 차례만 특별전시를 여는데다 전시를 하는 공간이 너무 좁아서 한정된 작품밖에 볼 수 없는 아쉬움

국보급 유물을 많이 간직하고 있는 간송미술관.

이 컸습니다. 최근에는 동대문 디자인 플라자에서 번갈아가며 전시함으로써 훨씬 많은 문화재를 볼 수 있게 되었습니다.

이태준 고택과 김광섭의 〈성북동 비둘기〉

1933년에 지은 월북 작가 상허 이태준의 고택 '수연산방'은 별채 없이 사랑채와 안채를 결합한 본채로만 이루어진 개량한옥입니다. 이태준은 1933년부터 1946년까지 이곳에 거주하면서 단편 〈달밤〉, 〈돌다리〉, 중편 〈코스모스 피는 정원〉, 장편 〈황진이〉, 〈왕자 호동〉 등의 창작에 전념하였습니다.

이태준은 강원도 철원 출생으로 휘문고보를 졸업하고 일본 조치 대학에 유학하였습니다. 학업을 마치지 않고 중도에 귀국한 그는 1925년 《시대일보》에 〈오몽녀〉를 발표하면서 문단에 등단하였습니다. 그리고 김기림, 이효석 등과 함께 '구인회' 멤버로 활동하였습니다.

이태준은 우리나라 단편소설의 선구자로서 소설가였지만, 《문장강화》라는 문학 개론서를 펴내기도 하였습니다. 월북했다가 1953년 임화, 김남천 등과 함께 숙청당한 것으로 알려져 있습니다.

한성대입구역에서 성북동으로 올라가는 길은 지금은 복개되어 자동차 도로로 변했지만, 옛날에는 맑은 물이 흐르던 개울이었습니다. 이곳 복숭아꽃이 만발하던 성북동천에 기대고 있는 마을들은 물줄기를 경계로 남쪽과 북쪽이 매우 다른 모습을 보여주고 있습니다.

한양 도성 밖 북쪽 성벽에 기대 북향을 하고 있는 남쪽 마을은 서민들의 삶이 물씬 풍기는 6, 70년대의 풍경을 고스란히 간직하고 있습니

수연산방 대문의 모습.

소설가 상허 이태준의 고택 수연산방.

다. 반면에 구준봉 아래 양지바른 언덕에 남향으로 둥지를 튼 북쪽 마을
은 재벌 회장들의 대저택이 자리하던 곳입니다. 재벌들이 목멱산 남쪽
기슭인 보광동으로 옮겨감에 따라 지금은 외국 대사들의 저택으로 바뀌
었습니다.

70년대 당시 소위 '도둑촌'이라 불리던 이곳에 재벌 회장 집들이 들
어설 때 현지 주민들이 내몰리던 모습을 비둘기에 빗대어 노래한 김광섭
시인의 〈성북동 비둘기〉는 그때의 광경을 잘 묘사해 주고 있습니다.

성북동 산에 번지가 새로 생기면
본래 살던 성북동 비둘기만이 번지가 없어졌다.
새벽부터 돌 깨는 산울림에 떨다가
가슴에 금이 갔다.

--- 중략 ---

사랑과 평화의 새 비둘기는
이제 산도 잃고 사람도 잃고
사랑과 평화의 사상까지
낳지 못하는 쫓기는 새가 되었다.

이러한 모습들은 최근에는 뉴타운 개발로 쫓겨나는 서민들의 신산스
런 삶으로 그대로 이어져 오고 있습니다. 다행히도 심우장 위에 자리한
북정마을은 개발에 내몰리지 않고 예스러움을 간직한 채 지자체의 지원
으로 새로운 모습으로 거듭나고 있습니다.

외국 대사관저들이 들어선 성북동천 북쪽마을.

아리랑고개에서 만나는 나운규

성북동천은 북악에서 낙산으로 이어지는 한양도성의 좌청룡에 해당하는 산줄기의 북쪽 사면과 구준봉에서 동쪽으로 미아리고개를 지나 고려대 뒷산인 개운산까지 이어지는 산줄기의 남쪽 사면 사이를 흐르는 물줄기입니다. 따라서 성북동천을 지나 북쪽인 정릉으로 넘어가기 위해서는 '북악 스카이웨이'라 부르는 구준봉에서 개운산으로 이어지는 산줄기를 넘어야 합니다.

지금은 외교관 거리로 변한 성북동 언덕 골목을 지나 북악 스카이웨이에 오른 다음 배나무 과수원이 늘어서 있던 국민대학교 건너편 배밭골

조선 태조의 계비 신덕왕후의 정릉.

을 왼쪽에 두고 산줄기를 조금 내려가면 아리랑고개 못 미쳐 산기슭에
정릉이 자리 잡고 있습니다.

정릉은 태조 이성계의 계비이자 조선왕조 최초의 왕비였던 신덕왕
후 강씨의 능으로, 본래 경운궁 서쪽인 지금의 주한 미국대사관저 근처
에 자리하고 있었습니다. 지금도 그때의 석물 일부가 그곳에 남아 있습
니다. 태조는 신덕왕후의 묘를 사대문 안에 두고, 그 동쪽 지금의 영국대
사관 부근에 왕비의 명복을 빌기 위한 원찰인 흥천사를 170여 칸 규모로
크게 지었습니다. 신덕왕후에 대한 태조의 사랑이 얼마나 깊었는지 알
수 있습니다.

그러나 왕자의 난을 일으켜 신덕왕후의 소생들과 삼봉 정도전 등 개

정릉의 정자각(위).
혼유석과 장명등(아래).

국공신들을 참살하고 왕위에 오른 태종 이방원에 의해 정릉은 지금의 자리로 옮겨지게 됩니다. 태종은 정자각을 헐어버리고, 신장상이 새겨진 병풍석은 홍수로 떠내려간 광통교를 돌다리로 다시 놓는 데 쓰게 하였습니다. 병풍석은 청계천이 복개되면서 지하에 묻혀 있다가 청계천 복원공사로 훤히 그 모습을 드러내 지금은 청계천 광통교 밑에 가면 언제라도 볼 수가 있습니다.

큰 규모를 자랑하던 흥천사도 정릉의 이전에 따라 아리랑고개 초입에 작은 규모로 새로 지어졌습니다. 새로 지은 흥천사라는 의미로 신흥사新興寺라 이름하였습니다. 이곳 일대는 한때 회갑잔치를 치르는 음식점들로 유명하였으나, 지금은 아파트 단지가 들어섰습니다. 신흥사는 최근

신덕왕후의 명복을 빌기 위해 세운 흥천사.

에 사찰 주변의 집과 땅을 사들여 확대 정비하면서 본래의 이름인 흥천
사를 되찾았습니다.

  아리랑고개는 정릉으로 가기 위해서는 반드시 넘어야 하는 고개입니
다. 그래서 본래 정릉고개라고 불렸는데, 일제 강점기에 항일 내용을 담
은 영화 나운규 감독의 〈아리랑〉을 이곳에서 촬영한 것이 계기가 되어
아리랑고개로 불리게 되었습니다.

도성 밖 우백호
산줄기 안산 길

기행 코스

안산 자락에 깃들어 있는 연희궁 터, 봉원사, 봉수대를 둘러보고,
도성 밖 우백호에 해당하는 안산에서 용산까지 이어지는 산줄기를 따라
문화유적을 찾아가는 여정

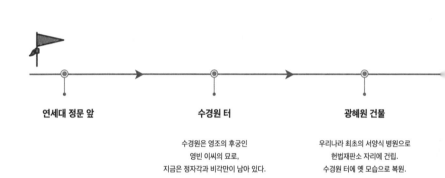

연세대 정문 앞

수경원 터

수경원은 영조의 후궁인
영빈 이씨의 묘로,
지금은 정자각과 비각만이 남아 있다.

광혜원 건물

우리나라 최초의 서양식 병원으로
헌법재판소 자리에 건립.
수경원 터에 옛 모습으로 복원.

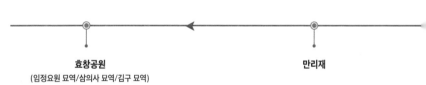

효창공원
(임정요원 묘역/삼의사 묘역/김구 묘역)

조국의 독립을 위해 몸 바친
애국지사들의 유해를 모신 묘역.
정조의 큰아들 문효세자의 무덤인
효창원에서 이름이 유래됨.

만리재

애오개와 숭례문 사이의 고개.
집현전 박사 최만리의 이름에
서 유래했다는 설이 있음.

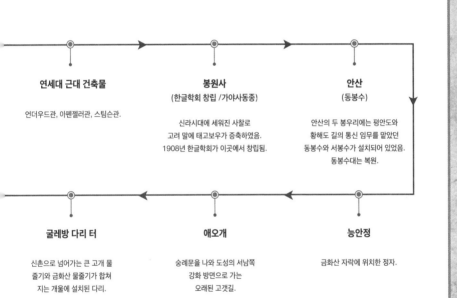

연세대 근대 건축물

언더우드관, 아펜젤러관, 스팀슨관.

봉원사

(한글학회 창립 /가야사동종)

신라시대에 세워진 사찰로
고려 말에 태고보우가 증축하였음.
1908년 한글학회가 이곳에서 창립됨.

안산

(동봉수)

안산의 두 봉우리에는 평안도와
황해도 길의 통신 임무를 맡았던
동봉수와 서봉수가 설치되어 있었음.
동봉수대는 복원.

굴레방 다리 터

신촌으로 넘어가는 큰 고개 물
줄기와 금화산 물줄기가 합쳐
지는 개울에 설치된 다리.

애오개

숭례문을 나와 도성의 서남쪽
강화 방면으로 가는
오래된 고갯길.

능안정

금화산 자락에 위치한 정자.

인왕산에서 이어지는 우백호 산줄기

안산鞍山은 한양 도성을 이루는 내사산에는 해당하지 않습니다. 하지만 그 산세와 지리적인 조건이 한양 도성에 지정학적으로 매우 중요한 역할을 담당하고 있습니다. 내사산 가운데 우백호에 해당하는 인왕산이 산줄기를 서쪽으로 뻗치면서 무악재에서 낮아졌다가 다시 솟구쳐 오른 봉우리가 안산입니다.

안산에서 두 갈래로 나누어진 산줄기 하나는 남쪽으로 방향을 틀어 금화산을 일구고 아현阿峴, 약현藥峴, 만리재를 지나 용산에서 한강으로 숨어듭니다. 다른 한 줄기는 서남쪽으로 방향을 틀어 연세대학교의 서쪽을 감싸 안으며 흐릅니다. 신촌에서 동교동으로 넘어가는 계당치 고개를 지나 홍익대학교 뒷산인 와우산을 일으키고 양화진의 잠두봉에서 한강으로 숨어듭니다.

풍수지리적으로 서울의 종조산인 삼각산의 인수봉負兒峰이 어린아이를 업고 있는 형상이라서 아이가 어미 등을 뛰쳐나가면 위험하다는 게 우리 선조들의 생각이었습니다. 그래서 인수봉이 마주 바라보이는 안산에서 목멱산에 이르는 산줄기에 지명으로 비보책을 썼습니다.

안산을 무악毋岳이라 하여 뛰쳐나가지 말라毋 하고, 안산 동남쪽 끝자락에 있는 고개를 떡전고개라 하여 떡으로 아이를 달래고, 목멱산 동쪽

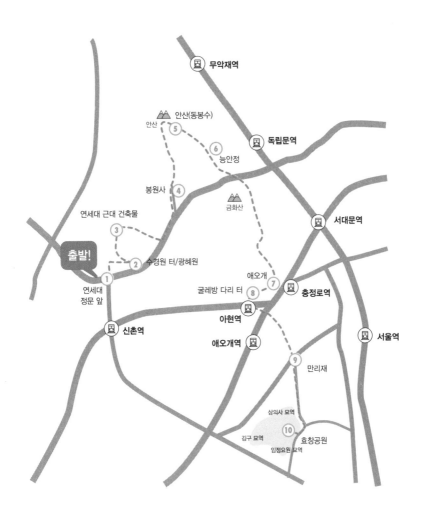

안산에서 용산으로. 이곳의 지리와 산세는 한양 도성에 매우 중요하였습니다.
연세대학교 내의 수경원 터와 근대 건축물을 둘러본 다음 우리 현대사의
애환이 깃든 봉원사를 거쳐 안산으로 오릅니다. 금화산 산줄기를 타고 애오개로
내려선 후 만리재를 지나면 애국지사들이 잠들어 있는 효창공원입니다.

정선, 〈서교전의〉. 무악과 인왕산, 그리고 그 사이의 무악재 길을 그렸다.

안산 정산에서 건너다 본 인왕산.

에 있는 고개를 벌아현이라 하여 아이가 달아나면 혼내준다고 얼렀던 것입니다. 그렇게 해서 아이가 어머니의 등에서 뛰쳐나가지 못하게 하였습니다.

안산은 동, 서의 두 봉우리로 이루어져 있어 멀리서 보면 마치 말의 안장, 즉 길마와 같이 생겼다고 하여 붙여진 이름입니다. 그래서 현저동에서 홍제동으로 넘어가는 고개를 예전에는 길마재, 즉 안현이라고 일컬었습니다. 지금은 공식적으로 무악재라고 부릅니다.

인왕산과 안산 사이에 있는 무악재는 황제의 나라 중국을 사대했던 제후의 나라 조선으로서는 황제의 사신이 드나드는 매우 중요한 길목이었습니다. 중국 사신에 대한 영접은 홍제원에서부터 시작되었습니다. 홍제원에서 관리들의 접대를 받고 무악재를 넘어온 중국 사신들은 모화관에 이르러 조선 국왕과 문무백관의 영접을 받고, 숭례문을 통해 도성에 들어가 경복궁 가까이 자리한 태평관에서 유숙하였습니다.

안산의 두 봉우리에는 각각 동봉수와 서봉수가 설치되어 있어 평안 도와 황해도 길의 통신 임무를 맡았습니다. 동봉수는 평안도 강계에서 시작하여 육로를 따라 고양시 봉현을 거쳐 이곳에 이르러 목멱산 셋째 봉수로 전해졌고, 서봉수는 평안도 의주에서 시작하여 해안을 따라 파주 교하를 거쳐 이곳에 이른 다음 목멱산의 넷째 봉수로 전달되었습니다. 지금은 동봉수대만 복원되어 있고, 서봉수대 자리에는 현대판 봉수라고 할 수 있는 통신회사의 철탑이 서 있습니다.

조선 3대 천도 예정지의 하나였던 안산

안산의 남쪽 자락은 태조 이성계가 개성에서 천도를 단행할 때 도읍 지로 추천된 세 곳 중의 하나입니다. 당시 천도 예정지는 계룡산, 한양, 그리고 안산의 세 곳이었는데, 경기도 관찰사 하륜이 안산으로 천도할 것을 적극 주장하였습니다.

계룡산은 《정감록》에도 나와 있는 길지로서 제일 먼저 천도 후보지 에 올라 도성 축성을 일정부분 진행하였습니다. 그러나 위치가 나라 전 체에 비추어 볼 때 너무 남서쪽에 치우쳐 있고, 도참사상에 의하면 계룡 산 일대는 정씨가 도읍을 세우는 곳이라는 주장 때문에 10개월 만에 공 사가 중단되었습니다. 이런 연유로 이곳의 지명은 '새로운 도읍지'라는 뜻의 신도안新都案으로 불리게 되었습니다. 지금은 육, 해, 공 3군의 통합 기지인 계룡대가 들어서 있습니다.

안산에서 바라본 서대문형무소.

　　안산 주산론主山論은 이곳의 지형이 앞이 확 트여 한강으로 접근하기
가 쉽고 한강은 서해와 맞닿아 있어 해양 진출이 용이하므로 도성으로
적합하다는 주장입니다. 풍수지리적으로는 주산 앞에 안산案山이 있어 내
룡來龍한 기운이 어느 정도 맺혀야 그 기운을 받을 수가 있습니다. 그런데
이곳 지형은 막힘이 없기에 맺힘도 없어 풍수지리적으로 길지가 되지 못
하였습니다. 더욱이 성리학에 기초하여 나라를 세운 조선은 사농공상의
신분을 분명히 나누었는데, 해상무역은 가장 낮은 층인 상商에 해당합니
다. 따라서 그 같은 직업을 천하게 여겼던 당시의 사정도 반영된 것으로
보입니다.

역사적으로 백제, 신라, 고려는 동아시아의 해상왕국이었습니다. 백제는 중국의 동쪽 바닷가에 백제원을 개척하였고, 신라도 그 전통을 이어 신라방을 두었습니다. 고려는 도읍지 개성에서 복식부기를 사용할 정도로 무역이 활발한 나라였습니다. 하지만 조선에 이르러 성리학을 치국이념으로 삼았기 때문에 그 전통을 잇지 못하였습니다.

안산을 주산으로 삼으면 궁궐터는 연희동 입체교차로 어름일 것이고, 좌청룡은 서강대 뒷산인 노고산, 우백호는 서대문구청 건너편 백련산이 됩니다. 그러나 풍수지리적으로 터가 옹색하고 한강까지 훤히 트여 있어 산의 정기를 담아내지 못한다고 대부분의 신하들이 반대하여 안산은 도읍지로 최종 낙점을 받지 못하고 말았습니다.

안산은 한양 도성을 쌓을 때 논란이 많았던 곳입니다. 지금의 한양 도성은 우백호인 인왕산에서 바로 목멱산으로 이어져 있지만, 무학대사는 인왕산에서 무악재를 가로질러 안산으로 연결한 다음 금화산과 약현을 지나 목멱산으로 이어지는 도성을 쌓자고 제안했습니다. 하지만 인왕산 자락에 있는 장삼 입은 승려 형상의 선바위가 도성 안으로 들어가는 것을 경계한 정도전의 반대로 성사되지는 못했습니다.

무학은 한양의 좌청룡 산줄기의 허약함을 비보하기 위해 궁궐을 동향으로 하는 인왕 주산론을 주장하였습니다. 정도전은 주례周禮에 따라 군왕은 배북남면背北南面하여 통치를 하기 때문에 궁궐의 좌향은 반드시 남쪽을 향해야 한다고 주장하였습니다. 새로운 도성을 건설하는 일의 총책임을 맡았던 정도전의 주장에 밀려 무학대사의 의견은 힘을 잃고 말았습니다.

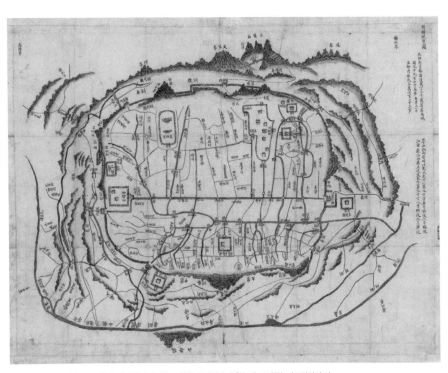

한양 도성의 내사산은 물론 한강 너머의 관악산을 포함한 외사산까지 한눈에 보여주는 〈조선성시도〉.

세종이 세운 이궁 연희궁

조선 초기에는 태조 때 계획을 세워 세종 때 준공을 본 이궁離宮이 세 곳에 있었습니다. 동쪽에는 양주 진접에 풍양궁, 서쪽에는 연세대학교 부근에 연희궁, 남쪽에는 한양대 앞 살곶이 다리 근처에 대산이궁이라 하는 낙천정이 있었습니다. 북쪽에 이궁이 없는 이유는 태종이 왕위에 오르기 전에 살았던 잠저인 장의동 본궁本宮이 있었기 때문일 것이라고 추측해 봅니다.

이렇듯 도성 주변에 이궁을 설치한 까닭은 건국 초기에는 왕가에 횡 액이 생긴다든지 '왕자의 난' 같은 변고가 생겼을 때 왕이 피할 수 있도 록 하기 위해서였습니다. 후기로 가면서 왕이 쉬어가는 단순한 휴양지로 그 용도가 바뀌었습니다.

수경원 터에 남아 있는 정자각.

영빈 이씨의 비를 세워두었던 비각.

연희궁은 원래는 정종이 태종에게 왕위를 물려주고 거처하였던 곳이었으나, 세종 때에 와서는 상왕인 태종을 위한 궁으로 서이궁이라고 불렸습니다. 태종이 세상을 떠난 다음 비로소 연희궁이라는 이름을 얻었습니다. 세종은 이곳에 머물면서 정사를 돌보는 이어소移御所로 사용하였습니다. 세조 때는 연희궁에 정5품의 관리를 배치해 양잠소로 사용하고 서잠실이라고 일컬었습니다.

성종 때는 장녀 신숙공주의 묘를 이곳에 두었습니다. 연산군 때는 연희장으로 사용하다가 폐쇄되었는데, 나중에 영조의 후궁인 영빈 이씨의 묘를 안장하였습니다. 영빈 이씨는 사도세자의 어머니입니다. 수경원이라 불린 영빈 이씨의 묘는 서오릉으로 옮겨가고 지금은 정자각과 비각만이 남아 있습니다.

우리나라 최초의 서양식 병원은 광혜원입니다. 갑신정변 때 다쳤던 민영익을 치료한 의사 알렌이 고종에게 병원을 설립하자고 제안하여 설립된 왕립병원으로, 세브란스병원의 전신에 해당합니다. 수경원 터에는 광혜원 건물이 한옥으로 복원되어 있습니다.

고종의 윤허로 병원 설립은 빠르게 진행되었습니다. 1885년 4월 재동에 있던 홍영식의 집(현재 헌법재판소)에 광혜원이 설립되었으며, 2주 후에 제중원으로 이름이 바뀝니다. 결국 광혜원과 제중원은 한 몸의 다

우리나라 최초의 서양식 병원인 광혜원 건물이 복원되어 있다.

른 이름일 뿐입니다.

　제중원은 조선정부 외부 소속으로 조선정부에서 건물과 경비를 지원
하였습니다. 아울러 하급관리를 파견하여 일반재정을 관리하였습니다.
의료진 운영과 의학 교육은 미국 북장로회 선교부에서 담당하였습니다.
그 당시 조선정부에서 교사들이나 의사들을 직접 계약하고 고용해 적절
한 급여를 주던 다른 기관들과는 달리, 제중원의 의사들은 공식적인 보수
를 받지 않았습니다. 의사들은 미국의 선교부에서 직접 파견하였습니다.

　1887년 제중원은 구리개(을지로에서 명동성당에 이르는 언덕)로 확
장 이전했으며, 1894년에는 모든 운영권이 미국 선교부로 이관되어 사
립병원으로 바뀌었습니다. 재정난에 부딪치자 1904년 미국인 사업가 세
브란스 씨가 15,000달러를 기부하여 남대문 밖 복숭아골(현재 서울역
앞의 연세재단 세브란스빌딩 자리)로 새 병원을 지어 이전하였습니다.

이때 많은 돈을 기부한 세브란스를 기념하여 병원 이름을 세브란스기념병원으로 바꾸었습니다.

의사 숙소 등으로 사용되던 구리개의 옛 제중원 대지와 건물은 1905년 조선정부로 반환되었습니다. 사립병원으로 바뀐 후에도 꽤 오래도록 조선 정부와 백성들은 세브란스 병원을 제중원이라고 불렀습니다.

연세대학교 교정에는 사적으로 지정된 근대 건축물이 3동 자리하고 있습니다. 1920년 준공된 스팀슨관을 비롯하여 1924년 준공된 이펜젤러관, 1925년에 완공된 언더우드관입니다. 튜더풍의 아치 입구를 지닌 준고딕 양식이 특징입니다.

현대사와 애환을 함께해 온 봉원사

연세대학교에서 봉원사로 넘어가는 고개는 한동안 벌고개라는 이름을 갖고 있었습니다. 그곳이 수경원의 주룡主龍이 되므로 사람이 다니면 산등성이가 낮아질 염려가 있어서 통행을 금지시키고 다니는 사람을 벌하였기 때문입니다.

봉원사는 신라 진성여왕 때 도선국사가 연희궁 터에 세운 반야사에 뿌리를 두고 있습니다. 고려 말에 태고보우가 증축하여 금화사로 고쳐 불렀는데, 임진왜란 때 모두 불타버렸습니다. 그러다가 영조 때 현재의 위치로 옮겨 지으면서 영조가 친필로 쓴 봉원사 현판을 하사하였습니다. 아마도 가까이에 있는 영빈 이씨의 묘인 수경원의 원찰로 새 절을 지은 것 아닌가 추측됩니다.

아쉽게도 이때 지어진 대웅전과 영조의 현판 글씨, 탱화, 목조삼존불

정면 건물은 고딕 양식과 모더니즘 양식이 결합된 연희관.

1920년에 지은 스팀슨관.

등은 모두 소실되었습니다. 지금은 삼봉 정도전이 쓴 명부전 편액과 흥선대원군이 자신의 아버지 남연군의 묘를 다시 쓰기 위해 불태운 덕산 가야사에 있던 범종이 이곳으로 옮겨져 종각에 걸려 있습니다.

봉원사는 한글학회가 창립된 곳이기도 합니다. 1908년 8월 31일 주시경의 가르침을 받은 하기 국어강습소 졸업생과 뜻있는 인사들이 모여 우리말과 글의 연구와 교육을 목적으로 '국어연구학회'를 봉원사에서 창립했던 것입니다. 그 후 단체 이름이 1911년 '배달말 몯음'으로, 1913년 '한글모'로, 1921년 '조선어연구회'로, 1931년 '조선어학회'로 여러 번 바뀌다가, 1949년에 드디어 지금의 '한글학회' 이름을 갖게 되었습니다.

뿐만 아니라 갑신정변의 주역 김옥균, 박영효, 서광범 등 개화파 인사의 정신적 지도자였던 이동인 스님이 5년간 주석한 갑신정변의 요람

봉원사에서는 매년 5월에 영산재가, 8월에는 연꽃축제가 열린다.

지입니다.

봉원사에서는 매년 봄에 영산재가 거행됩니다. 영산재는 석가모니가 영취산에서 설법하던 영산회상을 상징화한 의식입니다. 영산회상을 열어 영혼을 발심시키고 귀의하게 함으로써 극락왕생하게 한다는 의미를 갖는데, 국가의 안녕과 군인들의 무운장구를 비는 국가적으로 치렀던 불교의식입니다.

영산재가 진행되는 절차는 매우 복잡합니다. 먼저 괘불인 영산회상도를 내어 거는 괘불이운으로 시작하여, 괘불 앞에서 부처님을 찬탄하는 찬불의식이 진행됩니다. 이어서 영혼을 모셔오는 시련, 영가를 대접하는 대령, 영가가 생전에 지은 욕심내고貪, 성질부리고嗔, 어리석었던痴 3독을 씻어내는 의식인 관욕, 의식장소를 정화하는 신중작법, 불보살에게 공양을 드리고 죽은 영혼이 극락왕생하기를 바라는 찬불의례가 뒤를 잇습니

밑둥이 여러 갈래로 갈라진 특이한 형상의 느티나무.

다. 이렇게 권공의식을 마치면 보다 구체적인 소원을 아뢰는 축원문이 낭독되고, 영산재에 참여한 모든 대중들이 다 함께하는 회향의식과 봉송 의례로 마무리됩니다.

영산재는 중요무형문화재 제50호로 지정되었으며, 2009년에는 유네스코 지정 세계무형문화유산으로 등재되었습니다. 매년 5월이 되면 봉원사에서 그 의식이 시현됩니다.

용산으로 달려가는 산줄기를 따라가다

안산에서 남동쪽으로 이어지는 능선 상에 작게 솟아오른 봉우리가 금화산입니다. 봉원사의 고려시대 이름인 금화사에서 유래되었을 것으로 추측됩니다. 금화산을 지난 산줄기는 떡전고개라고도 불리는 애오개와 만리재를 지나 용산 효창공원으로 이어집니다.

이 능선을 따라 걷다 보면 금화산 조금 지난 곳에서 능안정을 만나게 됩니다. 금화산 남서쪽 산록인 북아현동을 능안리라 부른 데서 말미암은 이름입니다. 능안리는 금화산 자락에 의령원이 있었기에 붙여진 이름입니다. 의령원은 사도세자와 혜빈 홍씨 사이의 장자로 세손에 책봉되었으나 3세에 죽은 의소의 묘원입니다. 지금의 북아현동 중앙여자고등학교 자리에 있었으며, 1949년 서삼릉으로 이장되었습니다.

금화산 산줄기의 끝자락에는 서대문에서 마포 쪽으로 넘나들던 애오개阿峴가 있으며, 애오개를 넘어 신촌 쪽으로 가자면 굴레방다리를 건너 '큰 고개大峴'를 넘어야 합니다. 지금의 아현동에서 선촌으로 넘어가는 고개를 가리키던 말입니다. 고개 이름을 따서 이화여대 앞이 대현동이라

안산에서 금화산을 거쳐 용산으로 이어지는 산줄기.

금화산 능선길.

금화산 능선에서 올려다본 안산 정상.

불리게 되었습니다. 지금은 넓게 차도를 내서 시원스럽게 뚫려 있지만, 이것은 신작로를 내면서 직선으로 새롭게 뚫은 길이고, 옛길은 구부러진 골목길이었습니다. 옛길에는 지금 재래시장이 형성되어 있습니다.

'애오개 길'은 조선 초기부터 있던 아주 오래된 고갯길입니다. 종근당 앞의 애오개를 넘어서 가구점 골목과 지금은 복개되어 자취를 찾아볼 수 없는 굴레방다리, 그리고 아현시장을 지나 이화여대 입구에 이르는 길입니다. 지금은 어렴풋이 그 흔적을 찾아볼 수 있을 뿐입니다.

굴레방다리는 큰 고개에서 흘러온 물줄기와 금화산에서 능안리를 따라 흘러온 물줄기가 합쳐지는 곳일 뿐만 아니라, 큰 고개를 넘어 신촌 쪽으로 가는 길과 마포 쪽으로 가는 길이 갈라지는 곳입니다. 이곳의 지세는 풍수지리적으로 큰 소가 길마는 안산에 벗어놓고 굴레는 이곳에 벗어놓은 뒤 서강을 향해 내려가다가 홍익대 뒷산인 와우산에 가서 누운 형

아현(떡전고개)에 세워진 아현 감리교회.

국이라고 합니다. 아현시장 뒤편, 즉 서강 쪽으로 뻗어 있는 산줄기에 기대어 골목길을 맞대고 마을을 이루던 전통부락은 지금은 뉴타운 개발로 모두 철거되고 아파트가 들어섰습니다.

애오개는 조선시대 도성의 서남쪽 강화 방면으로 가는 노선의 경유지입니다. 숭례문을 나와 칠패시장을 지나고 만리재 옆에 붙어 있는 약현과 애오개를 넘은 다음, 굴레방다리를 건너 큰 고개를 넘고 노고산 북쪽을 돌아 나와 와우산을 지나면 양화진에 닿습니다. 이곳에서 배로 한강을 건너 양천에 닿고 김포, 통진, 갑곶진을 거쳐 강화에 이르게 됩니다. 이 길이 강화로이며, 조선의 제6로입니다.

애오개를 지나 숭례문 쪽을 향해 있는 약현을 비껴 지나면 만리재에 이릅니다. 세종 때의 집현전 박사였던 최만리가 이곳에 살았다 하여 만리재라 불렀다고 합니다. 만리재에는 한양 도읍과 관련된 재미있는 이야기가 전해져 옵니다. 무학대사가 새 도읍지를 물색하던 중에 한양의 지세를 보니 우백호의 끝자락인 만리재가 백호의 형상으로 그 세력이 급하고 움직이는 기운이 넘쳐났다고 합니다. 이를 눌러 앉히기 위해 만리재가 바라다 보이는 관악산에 호압사를 짓고, 상도동 남쪽에 솟아 있는 국사봉에 사자암을 지었다고 합니다.

애국지사들의 유해를 모신 효창공원

만리현을 지나 용산 쪽으로 내려서면 청파동 뒷자락에 효창공원이 있습니다. 효창공원은 조국의 독립을 위해 몸 바친 애국지사들의 유해를 모신 묘역으로, 백범 김구 묘역, 삼의사 묘역, 임정요인 묘역으로 나누어져 있습니다.

원래 이곳은 정조의 큰아들로 다섯 살에 죽은 문효세자의 무덤인 효창원이 있던 곳입니다. 문효세자의 생모인 의빈 성씨, 순조의 후궁인 숙의 박씨, 숙의 박씨 소생인 영온옹주도 이곳에 안장되어 있었으나, 일제강점기 때 효창원의 모든 무덤은 서삼릉으로 옮겨졌습니다. 동학농민전쟁과 청일전쟁 때는 일본군의 주둔지로 사용되었습니다.

광복 후 이곳에 애국열사의 묘역이 조성되었습니다. 효창공원 중앙 위쪽 묘역에는 대한민국 임시정부 주석이었던 백범 김구 선생이 모셔져 있습니다. 삼의사 묘역은 이봉창, 윤봉길, 백정기 의사를 모신 곳입니다. 백범이 귀국 후 세 의사의 유해지로 이곳을 미리 정해 놓고 일본에서 유해를 봉안하여 안장하였습니다. 유해를 찾지 못한 안중근 의사는 가묘를 마련하였습니다. 엄밀히 말하면 삼의사 묘가 아니라 사의사 묘인 셈입

효창원 터에 안장된 백범 김구의 묘.

이봉창, 윤봉길, 백정기 의사를 모신 삼의사 묘역.
왼쪽 끝의 봉분은 안중근 의사의 가묘.

효창공원에 묻힌 순국선열의 영정을 모신 의열사.

니다. 묘의 석축에는 백범이 쓴 '유방백세遺芳百世'의 글씨가 새겨져 있습
니다. "의사들이 남긴 향기가 백세토록 영원하라"는 뜻입니다. 임정요인
묘역은 임정 요인으로 중국에서 순국한 이동녕, 차이석, 조성환의 유해
를 모신 곳입니다. 효창공원 입구 바로 오른쪽에 있습니다.

망국의 한이 서린
대한제국의 길

기행 코스

경운궁(지금의 덕수궁)을 중심으로 펼쳐져 있는 대한제국의 유적과
개항기 열강의 틈바구니에서 갈피를 잡지 못하다가
일본에게 합병당하고 마는 치욕의 현장을 찾아가는 여정

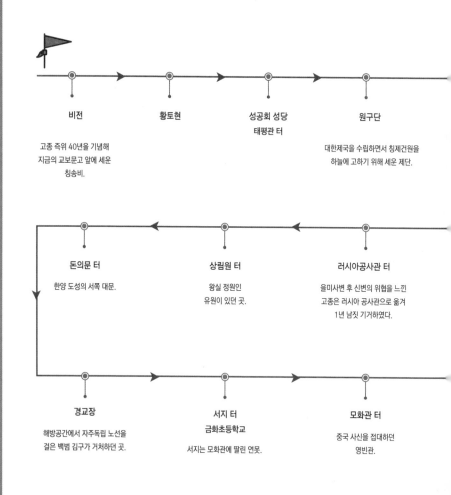

비전

고종 즉위 40년을 기념해
지금의 교보문고 앞에 세운
칭송비.

황토현

성공회 성당
태평관 터

원구단

대한제국을 수립하면서 칭제건원을
하늘에 고하기 위해 세운 제단.

돈의문 터

한양 도성의 서쪽 대문.

상림원 터

왕실 정원인
유원이 있던 곳.

러시아공사관 터

을미사변 후 신변의 위협을 느낀
고종은 러시아 공사관으로 옮겨
1년 남짓 기거하였다.

경교장

해방공간에서 자주독립 노선을
걸은 백범 김구가 거처하던 곳.

서지 터
금화초등학교

서지는 모화관에 딸린 연못.

모화관 터

중국 사신을 접대하던
영빈관.

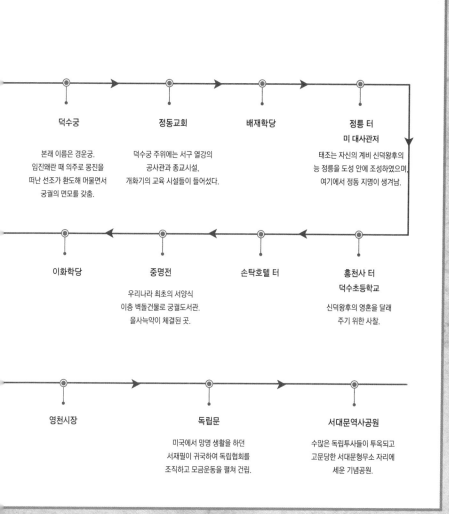

덕수궁

본래 이름은 경운궁.
임진왜란 때 의주로 몽진을
떠난 선조가 환도해 머물면서
궁궐의 면모를 갖춤.

정동교회

덕수궁 주위에는 서구 열강의
공사관과 종교시설,
개화기의 교육 시설들이 들어섰다.

배재학당

정릉 터
미 대사관저

태조는 자신의 계비 신덕왕후의
능 정릉을 도성 안에 조성하였으며,
여기에서 정동 지명이 생겨남.

이화학당

중명전

우리나라 최초의 서양식
이층 벽돌건물로 궁궐도서관.
을사늑약이 체결된 곳.

손탁호텔 터

흥천사 터
덕수초등학교

신덕왕후의 영혼을 달래
주기 위한 사찰.

영천시장

독립문

미국에서 망명 생활을 하던
서재필이 귀국하여 독립협회를
조직하고 모금운동을 펼쳐 건립.

서대문역사공원

수많은 독립투사들이 투옥되고
고문당한 서대문형무소 자리에
세운 기념공원.

대한제국의 탄생

조선 말기의 정치상황은 안동 김씨, 풍양 조씨, 여흥 민씨의 세도정치로 요약할 수 있습니다. 왕권은 권위를 잃고 관리들의 가렴주구는 극에 달하였습니다. 삶이 피폐할 대로 피폐해진 백성들의 분노는 잦은 민란으로 분출되다가 마침내 동학농민전쟁으로 폭발하였습니다. 혼란스러운 국내정세를 틈타 청나라와 일본은 조선에 대한 영향력을 강화하기 위해 서로 힘겨루기를 하고, 서구열강들은 이권을 얻으려고 호시탐탐 기회만 엿보는 형국이었습니다.

이런 정세 속에서 김옥균, 박영효, 홍영식, 서광범 등의 개화파 인사들이 갑신정변을 일으킵니다. 그들은 조선 5백 년 동안 큰 나라로 모셔온事大 중국의 간섭에서 벗어나 국왕의 지위를 중국의 황제와 대등한 위치로 올리려고 하였습니다. 하지만 갑신정변은 '삼일천하三日天下'로 끝나고 맙니다. 다시 갑오개혁 때 중국의 연호를 폐지하고 개국기년開國紀年인 건양建陽을 사용하였으나 일본의 반대로 무산되어 버렸습니다.

명성황후가 청나라와 손을 잡자 일본은 자국 낭인들을 동원하여 명성황후를 참혹하게 시해하는 을미사변을 일으킵니다. 일본군의 만행에 신변의 위협을 느낀 고종은 그동안 머물렀던 경복궁 건청궁을 버리고 러시아 공사관으로 도망치는 아관파천을 단행합니다.

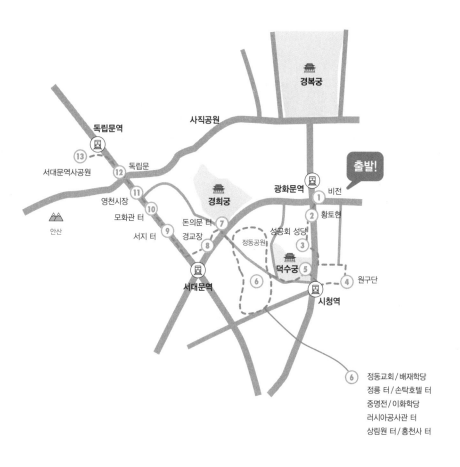

대한제국과 관련된 주요 유적은 덕수궁과 정동 일대에 모여 있습니다.
교보문고 앞의 비전을 답사하는 것으로 시작하여 원구단을 거쳐
덕수궁으로 이동합니다. 이어서 정릉 터, 러시아공사관 터 등을 둘러본 다음
경교장을 거쳐 독립문으로 이동합니다. 마지막 답사지는
일제 식민지배 상흔을 간직한 옛 서대문형무소 자리입니다.

신고전주의 유럽 궁전건축 양식을 따라 지은 덕수궁 석조전. 1946년 미소공동위원회가 열렸다.

　1년 남짓 러시아 공사관에 머문 고종은 경복궁으로 돌아가지 않고 가까이에 있는 경운궁으로 환궁한 뒤, 독립협회와 일부 수구파의 지원으로 중국과 오랫동안 지속된 사대의 동아줄을 끊어버리려고 칭제건원稱帝建元을 추진합니다. 연호를 광무光武로 하고 황제가 하늘에 고하는 원구단을 세운 다음, 1897년 10월 12일 황제 즉위식을 올립니다. 이렇게 하여 비로소 대한제국이 탄생하였습니다.

　그러나 열강들에게 핍박받는 국제정치 상황은 대한제국이 제대로 발전할 수 있도록 내버려두지 않았습니다. 열강들은 대한제국을 회유하고 협박해 조선 영토에서 자국의 이권을 관철하려는 조약들을 다투어 체결하였습니다. 대한제국의 법궁法宮인 경운궁은 서구 열강의 공사관과 선교사들의 숙소, 교회 등으로 잘려 나갔고, 조선을 강제로 합병한 일본은 경운궁을 아예 복원할 수 없도록 철저히 훼손하였습니다.

아관파천의 현장 러시아 공사관 건물의 일부.

대한제국의 발자취를 더듬는 것은 칭제건원의 황제나라를 만들기 위해 고종이 어떤 노력을 기울였으며, 그렇게 탄생한 대한제국이 열강의 틈바구니 사이에서 어떻게 자주성을 잃어갔는지를 살펴보는 일입니다. 더하여 일제강점기 때 경운궁이 철저하게 파괴된 현장도 살펴볼 것입니다. 답사의 발걸음은 해방공간에서 분단이 아닌 자주독립의 노선을 걸은 백범 선생께서 환국 이후 거처하다가 안두희의 총탄에 쓰러진 경교장과 수많은 독립투사들을 잡아 가두고 고문하고 교수형에 처한 서대문형무소까지 이어질 것입니다.

고종, 황제 즉위식을 거행하고 하늘에 고하다

러시아 공사관에서 경복궁이 아니라 경운궁으로 환궁한 고종은 대한제국을 수립하기 위한 수순을 밟는데, 먼저 경운궁 동쪽에 있는 남별궁 터에 황제 즉위식과 하늘에 고하는 제사를 지낼 수 있도록 원구단을 만듭니다. 고종은 1897년 그곳에서 황제에 즉위하여 국호를 대한제국으로, 연호를 광무라고 칭하였습니다.

원구단은 천자가 하늘에 제사 드리는 제천단을 일컬으며, 천단天壇 또는 원단圜壇이라고도 달리 부릅니다. 우리나라의 제천의례는 삼국시대부터 풍작을 기원하거나 기우제를 지냈던 것이 그 시초인데, 제도화된 원구제圜丘祭는 고려 성종 때부터 거행되었다고 합니다.

조선은 천자의 나라 중국의 제후국이므로 제천의례를 할 수 없어 세조 때 원구제가 폐지되었다가, 고종이 대한제국을 선포하고 황제로 즉위하여 비로소 천자로서 제천의식을 봉행할 수 있게 되어 원구단이 다시 설치되었습니다. 더불어 신위판神位板을 봉안하는 3층 8각 지붕의 황궁우皇穹宇와 고종 즉위 40년을 기념하는 석고단을 세웠습니다.

조선을 침략한 일본은 경성철도호텔을 지어 원구단의 원형을 심각하게 훼손하였습니다. 호텔은 지금까지 조선호텔이란 이름으로 남아 있지만, 원구단은 없어지고 황궁우와 정문인 삼문三門 그리고 석고단이 호텔 한 귀퉁이에 옹색하게 서 있을 뿐입니다.

고종의 보령寶齡 51세 때 즉위 40년을 기념하기 위해 칭송비를 만들어 기로소耆老所 앞에 세웠는데, 지금의 교보문고 앞에 자리한 비전碑殿이 그것입니다. 비碑의 정식 명칭은 '대한제국 대황제 보령망육순 어극사십년 칭경기념비大韓帝國 大皇帝 寶齡望六旬 御極四十年 稱慶紀念碑'로, 황태자 순종이 전서체로 쓴 글씨가 새겨져 있습니다.

비문의 내용은 원구단에서 천지天地에 제사하고 황제의 큰 자리에 올랐으며, 국호를 대한이라 정하고 연호를 광무라 했으며, 특히 올해 임인년壬寅年(1902년)은 황제가 등극한 지 40년이 되며, 보령은 망육순望六旬이 되어 기로소 안 어첩 보관소인 영수각에 참배하고 기로소 신하에게 잔치

고종이 천자가 되었음을 하늘에 고하기 위해 세운 원구단.
현재는 황궁우와 석고단 등만 남아 있다.

세종로 교보빌딩 앞에 있는 비전. 고종 즉위 40년 기념으로 세운 '기념비전'이다.

를 베풀고, 비로소 기로소에 들었다는 것입니다.

비를 보호하기 위해 보호각을 짓고 황태자 순종이 쓴 '기념비전紀念碑殿'이란 편액을 걸었는데, 일반적으로 비각碑閣이라 부르는 것과는 달리 건물의 격을 높이기 위해 '전殿' 자를 사용하였습니다. 기념비전 앞에는 도로원표道路元標가 세워져 있는데, 주요 도시까지의 거리를 셈하는 도로의 기점입니다.

경운궁이 덕수궁 된 사연

경운궁은 임진왜란 때 경복궁을 버리고 의주로 몽진을 떠난 선조가 환도하고 보니 경복궁과 창덕궁 그리고 창경궁이 철저히 파괴되어 거처할 곳이 마땅치 않아, 월산대군의 옛집을 임시 거처로 정하고 부근에 있던 성종의 손자 계림군의 집과 주변의 민가까지 편입시켜 만든 임금의 임시 거처인 시어소時御所에서 시작되었습니다. 곁에 있던 청양군 심의겸의 집은 동궁, 영의정 심연원의 집은 종묘宗廟로 삼았습니다. 그 후 병조판서 이항복이 일대를 정비하여 남쪽 울타리를 큰길까지 넓히고, 동쪽과 서쪽에 담장을 둘러친 다음 북쪽에 별전別殿을 새로 지음으로써 비로소 궁궐의 모습을 갖추었습니다.

이때부터 이곳을 정릉동 행궁으로 불렀습니다. 선조는 정릉동 행궁에서 16년간 지내다가 승하하였으며, 뒤를 이은 광해군은 이곳에서 즉위한 후 3년 만에 전각들을 다시 세운 창덕궁으로 옮겼습니다. 이때 정릉동 행궁의 이름을 경운궁이라 하였습니다.

그 후 광해군에 의해 인목대비가 경운궁에 유폐되었을 때는 서궁西宮이라 불렸습니다. 광해군을 내쫓는 반정에 성공한 인조는 이곳에서 등극

사진으로 남은 경운궁의 옛 모습.

경운궁 정전인 중화전.

하였으나, 바로 거처를 경희궁으로 옮깁니다. 그리고 선조가 거처하였던 즉조당과 석어당만 남기고 경운궁에 속했던 땅들을 원래 주인에게 돌려줌으로써 궁궐로서의 격이 무너지게 됩니다.

을미사변으로 신변의 위협을 느낀 고종은 경복궁을 버리고 러시아 공사관으로 피신하였는데, 이때 고종은 경운궁의 전각을 복구 증축하도록 명하고 1년여 만인 1897년 경운궁으로 이어합니다. 하지만 경운궁 터의 일부는 1880년대부터 이미 미국, 영국, 프랑스, 러시아서 등의 서구 열강이 공사관 부지로 사용하고 있었기 때문에, 경운궁은 각국 공사관에 포위된 형국이었습니다.

1904년 경운궁에서 경희궁으로 바로 건너갈 수 있는 구름다리가 놓였으나, 지금은 흔적조차 찾을 수 없습니다. 다만 구름다리가 놓였던 위치를 지금의 경향신문 사옥 주변 능선쯤으로 짐작할 수 있을 뿐인데, 이곳은 경희궁의 앞동산이자 경운궁의 뒷동산인 상림원이 있던 자리입니다.

덕수궁 중화전 앞에 서 있는 삼정三鼎.

1904년(광무 8) 함녕전에서 화재가 발생하는데, 이날의 불로 중화전, 즉조당, 석어당, 경효전 등 경운궁의 중심건물과 그곳에 있던 집기와 보물이 모두 소실되었습니다. 고종은 화재 후에도 다른 궁으로 이어하지 않고 경운궁에 강한 애착을 보였습니다. 이에 즉조당, 석어당, 경효전, 흠경각이 급하게 복구되었으며, 현재 덕수궁의 정문으로 쓰이고 있는 동문의 이름이 대안문大安門에서 대한문大漢門으로 바뀐 것도 이때의 일입니다.

경운궁에서 대한제국을 선포하고 황제에 오른 고종은 비밀리에 시행한 1907년 헤이그 만국평화회의 밀사사건을 빌미로 일본이 퇴임을 강력하게 요구하자 물리치지 못하고 황제의 자리를 순종에게 물려주게 됩니다. 황제에 즉위한 순종은 바로 창덕궁으로 거처를 옮겼으며, 고종은 일본에 의해 경운궁에 강제로 유폐되는 지경에 이르렀습니다. 태상황이 된 고종이 머무는 궁궐이라서 물러난 임금의 장수를 기원하는 의미에서 덕수궁德壽宮이라고 칭하였는데, 그때 바뀐 이름이 지금까지 사용되고 있습니다.

이층누각 석어당은 단청을 하지 않은 담백한 아름다움을 자랑한다.

석어당의 옆모습.

정동 이름의 유래

덕수궁 돌담길을 끼고 서쪽으로 향
하면 그곳에는 근대화라는 역사적인
전환시대의 유적들이 많이 남아 있습
니다. 대부분 경운궁의 일부가 훼손되
면서 형성된 것으로, 영국, 미국, 러시
아, 프랑스 등 서구 열강들의 공사관과
정동제일교회, 성공회성당, 구세군 본
관 등 종교시설, 그리고 배재학당, 이
화학당 등 개화기의 교육 시설들이 그
것입니다.

덕수궁에 보존되고 있는 흥천사 동종.

이 지역을 정동이라고 부르는 것은
태조 이성계의 둘째 부인인 신덕왕후가 묻힌 정릉貞陵이 있던 곳이라서
그렇습니다.

태조 이성계의 첫 번째 부인은 태조가 임금이 되기 전에 죽었기 때문
에 살아서는 왕비가 되지 못하고, 태조가 즉위한 후에 신의왕후로 추존
되었습니다. 둘째 왕비인 신덕왕후를 끔찍이 사랑한 태조는 왕후가 죽자
도성 안에 왕비의 능을 조성하고, 가까운 곳에 왕후의 영혼을 달래줄 흥
천사라는 사찰을 170칸 규모로 지었습니다.

그러나 왕자의 난을 일으켜 왕위에 오른 태종 이방원은 태조가 죽자
신덕왕후의 묘를 도성 밖 외진 곳인 지금의 정릉으로 이장하였습니다.
제사도 지내지 않고 방치하여 이내 일반인의 묘와 다름없이 폐허가 되었
습니다.

왕후의 묘가 옮겨갔으니 흥천사도 함께 옮겼는데, 170여 칸의 사찰 목재들은 중국 사신이 머무는 태평관의 부속건물을 짓는 데 사용하였습니다. 흥천사 동종은 영조 때 경복궁 광화문으로 옮겼다가 일제강점기에 조선총독부가 들어서면서 창경궁을 거쳐 고종 때 다시 덕수궁으로 옮겨 지금에 이르고 있습니다. 흥천사 터는 덕수초등학교 일대로 추정됩니다.

왕후의 묘에 세운 석물들도 훼손하여 병풍석屛風石은 광교를 중건하는 석재로 사용하고, 나머지 대부분은 땅에 묻었다고 합니다. 옛 정릉 자리인 미국 대사관저가 옮겨졌을 때 그곳을 파보면 석물들이 나올 것으로 생각됩니다.

신덕왕후의 묘는 옮겨 갔으나, 그 이후 이 지역을 정릉이 있던 곳이라 해서 정동이라 불렀으며, 지금까지 그 이름이 전해지고 있습니다.

백범 김구 선생이 생을 마감한 경교장

미국 대사관저와 옛 러시아 공사관 사이에 중명전이라 불리는 근대식 멋진 건물 하나가 골목안 깊숙이 숨어 있습니다. 우리나라 최초의 서양식 이층 벽돌건물로서, 1905년 일제에 의해 강압적으로 을사늑약이 체결된 곳입니다. 원래 조선에 들어와 있던 개신교 선교사들이 살던 곳입니다. 고종이 아관파천 이후 거처를 경운궁으로 옮길 때 주변 땅을 경운궁 권역에 포함시키고, 그 터에 '궁궐도서관'인 중명전을 세운 것입니다.

고종은 중명전을 짓고 도서관으로만 사용한 것이 아니라, 이곳에서 외국 사신도 알현하고 때로는 연회장으로도 이용하였습니다. 일제에 의해 강제 폐위되는 원인을 제공한 헤이그 밀사를 임명한 장소이기도 합니다. 일제강점기에는 이토 히로부미의 소실이면서 일본의 밀정 노릇을 한 사교계의 여왕 배정자가 한동안 살았다고 합니다.

경향신문사와 강북삼성병원 사이에는 서대문 사거리로 넘어가는 얕은 고갯마루가 있는데, 한양 도성의 서쪽 대문인 돈의문敦義門이 있던 자리입니다. 처음에는 운종가와 일직선상에 있는 지금의 서울교육청 어름에 서전문西箭門이란 이름으로 서 있었습니다만, 지대가 높아 백성들이 다니기에 불편하여 약간 아래로 내려온 곳에 새로 문을 내고 돈의문이라고 했습니다.

돈의문은 새로 낸 문이라서 새문新門이라고도 불렸습니다. 지금은 새문안교회 또는 신문로新門路 등의 교회 이름과 도로 이름으로 전해지고 있습니다.

궁궐도서관이었던 중명전. 강압적으로 을사늑약이 체결된 곳이다.

백범 김구 선생이 살았던 경교장 내부.

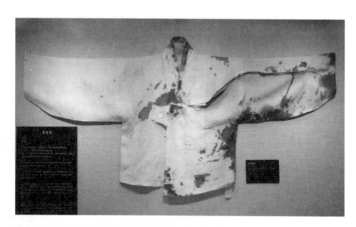

김구 선생이 안두희의 저격을 받아 서거할 때 입고 있던 피 묻은 저고리.

경교장에서 열린 1946년 신탁통치 반대 집회.

　돈의문 터 바로 위에는 백범 김구 선생께서 환국 후 거처했던 경교장이 강북삼성병원에 파묻혀 왜소하게 남아 있습니다. 경교장은 원래 금광업자 최창학의 소유였으나, 최창학이 친일 행위를 속죄하는 의미에서 백범 김구 선생의 거처로 제공하였습니다. 백범 선생은 이곳에서 반탁운동과 통일운동을 주도하다가 육군 소위 안두희의 총탄을 맞아 파란만장한 생을 마감하였습니다.

　해방공간에서 활동한 김구, 김규식, 이승만의 거처는 공교롭게도 동쪽과 북쪽과 서쪽에 위치해 있었습니다. 백범은 서대문의 경교장에서, 김규식은 삼청동의 삼청장에서, 이승만은 동대문의 이화장에서, 길은 다르지만 새로운 나라를 세우기 위해 고군분투하였습니다.

독립문 뒤쪽 건물이 모화관이며, 왼쪽에 헐어낸 영은문 기둥이 남아 있다.

모화관 앞에 세운 독립문

안산의 동쪽 자락인 지금의 영천시장과 금화초등학교 일대에는 모화관慕華館이 있었습니다. 그리고 모화관 입구에 영은문迎恩門과 서지西池가 있었습니다. 조선은 건국 이후 중국을 사대하는 외교정책을 수립하였는데, 모화관과 영은문은 이러한 사대외교의 상징물이었습니다. 모화관은 중국 사신을 접대하던 영빈관이며, 영은문은 모화관 앞에 세운 사신을 맞이하는 문이었고, 서지는 모화관에 딸린 연못입니다.

모화관은 원래는 누각 형식으로 지어져 모화루慕華樓라 불렸으나, 세종 때에 모화관으로 바꿔 불렀습니다. 영은문은 원래 홍살문이었으나 중종 때 김안로의 건의에 따라 두 개의 기둥에 청기와를 덮어 격식 있는 문으로 거듭 나서 영조문迎詔門이라 하였다가, 3년 뒤에 명나라 사신 설정총

서지의 연꽃을 구경하던 정자 천연정.

영은문 터에 세운 독립문.

독립협회에서 발간한 《독립신문》.

의 제안으로 영은문이라 개칭하였습니다.

서지는 모화관에 딸린 연못으로 지금의 금화초등학교 자리에 있었습니다. 그곳에는 천연정이라는 아름다운 정자도 있었으나, 지금은 천연동이라는 행정동 이름으로만 남아 있습니다.

서지는 1407년(태종 7)에 만들어졌는데, 이 해에 중국 사신을 맞이하기 위하여 현저동 101번지에 모화루를 세우고 그 남쪽에 연못을 파게 하였습니다. 연못이 완성된 뒤에는 개성 숭교사의 못에 있는 연뿌리를 배로 실어다 심었고, 연못에 많은 물고기를 키웠는데 그 먹이용 쌀이 매월 열 말이나 되었다고 합니다. 반송정 옆에 있었으므로 반송지라 하였으나, 서대문 밖에 있다 하여 흔히 서지라고 불렀다고 합니다.

천연정은 《한경지략》에 "돈의문 밖 서지西池 가에 있다. 본래 이해중의 별장이었는데, 지금은 경기감영의 중영中營 공청公廳으로 되어 있다. 연꽃이 무성해서 여름철에 성안 사람들이 연꽃 구경하는 곳으로 여기가 제일이다"라고 하였습니다.

그 당시 한성에는 서지 외에 동대문 밖에 동지東池, 남대문 밖에 남지南池가 있었습니다. 세 연못 모두 연꽃이 피었는데, 그 가운데 서지의 연꽃 규모가 가장 크고 무성하였습니다. 서지의 연꽃 구경은 천연정에서 바라보는 경치가 으뜸이었다고 합니다.

갑오개혁 이후 1895년 모화관의 사용이 중지됩니다. 영은문 역시 김홍집 내각에 의해 철거됨으로써 중국에 대한 사대외교는 종지부를 찍습니다. 영은문이 서 있던 자리에 민족의 자주독립과 자강의 의지를 담아 세운 건물이 바로 독립문입니다.

갑신정변의 실패로 10여 년간 미국에서 망명 생활을 하던 서재필이 귀국하여 곧바로 독립협회를 조직하고 이 협회의 이름으로 전 국민을 상대로 모금운동을 펼쳐 독립문을 건립하였습니다. 프랑스의 개선문을 본떠 서재필이 스케치한 것을 당시 독일 공사관에 근무하던 스위스 기사가 설계하였으며, 노역은 주로 중국인 노무자를 동원하였습니다. 일설에는 덕수궁 석조전을 설계한 러시아인 사바틴이 설계하였다고도 합니다.

서대문형무소는 일제가 을사조약으로 국권을 침탈한 후 독립을 위해 법을 어기며 저항한 조선인들을 수용할 큰 교도소가 필요했으므로, 1908년 경성감옥이라는 이름으로 문을 열었습니다. 일본인 건축가 시텐노가즈마四天王數馬가 설계한 우리나라 최초의 근대식 감옥입니다. 1912년 서대문감옥, 1923년 서대문형무소, 1946년 경성형무소, 1950년 서울형무소, 1961년 서울교도소, 1967년 서울구치소로 이름이 바뀌었는데, 서울구치소가 1987년 경기 의왕시로 이전한 다음 사적으로 지정되었습니다.

을사조약으로 국권을 침탈한 일본에 의해 1908년 문을 연 서대문형무소.
수많은 독립투사들이 이곳에서 옥고를 치렀다.

일제강점기 때는 주로 민족지도자와 독립운동가, 그리고 4·19혁명
이후 1980년대까지는 정치인, 기업인, 군 장성, 재야인사, 운동권 학생
등이 이곳을 거쳐 갔습니다. 물론 살인, 강도 같은 흉악범은 물론 온갖
잡범과 간첩 등 다양한 범법자들이 이곳에 수용되었습니다.

서대문형무소가 있던 현저동은 본래 중국 사신을 맞이하는 모화관
자리입니다. 1914년 일제가 행정구역을 개편하면서 무악재 서쪽 밑에
있는 마을이므로 '고개 아랫마을'이란 한자 표기로 현저동峴底洞이라고
이름을 붙였습니다.

기미년 서울
만세운동 길

기행 코스

1919년 기미년 서울에서 만세운동이 은밀히 준비되는 과정부터 시작하여
마침내 비폭력 만세운동이 펼쳐지고 한성임시정부가 수립되기까지의
역사 현장을 찾아가는 여정

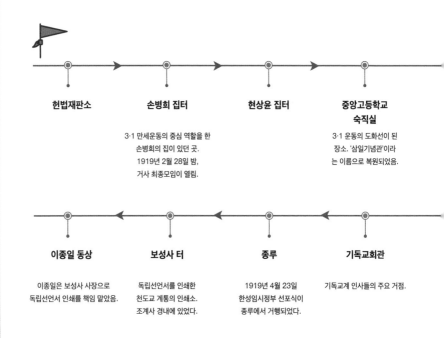

헌법재판소

손병회 집터

3·1 만세운동의 중심 역할을 한
손병회의 집이 있던 곳.
1919년 2월 28일 밤,
거사 최종모임이 열림.

현상윤 집터

**중앙고등학교
숙직실**

3·1 운동의 도화선이 된
장소. '삼일기념관'이라
는 이름으로 복원되었음.

이종일 동상

이종일은 보성사 사장으로
독립선언서 인쇄를 책임 맡았음.

보성사 터

독립선언서를 인쇄한
천도교 계통의 인쇄소.
조계사 경내에 있었다.

종루

1919년 4월 23일
한성임시정부 선포식이
종루에서 거행되었다.

기독교회관

기독교계 인사들의 주요 거점.

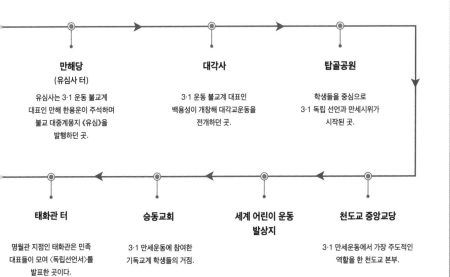

만해당
(유심사 터)

유심사는 3·1 운동 불교계
대표인 만해 한용운이 주석하며
불교 대중계몽지 《유심》을
발행하던 곳.

대각사

3·1 운동 불교계 대표인
백용성이 개창해 대각교운동을
전개하던 곳.

탑골공원

학생들을 중심으로
3·1 독립 선언과 만세시위가
시작된 곳.

태화관 터

명월관 지점인 태화관은 민족
대표들이 모여 〈독립선언서〉를
발표한 곳이다.

승동교회

3·1 만세운동에 참여한
기독교계 학생들의 거점.

세계 어린이 운동
발상지

천도교 중앙교당

3·1 만세운동에서 가장 주도적인
역할을 한 천도교 본부.

독립운동을 준비하다

1919년 3·1만세운동의 사상적 뿌리는 멀리 조선 후기의 실학사상으로 소급될 수 있습니다. 실학사상은 개화사상으로, 그리고 동학혁명, 의병운동, 애국계몽운동으로 이어집니다. 그 과정에서 고취된 민중들의 혁명의식은 조선왕조의 멸망에도 불구하고 민족자주독립국가에 대한 간절한 열망을 담고 있었습니다. 거기에 기름을 부은 것은 미국 대통령 윌슨의 '민족자결주의' 주창이었습니다.

동학혁명이 실패로 끝나고 극심한 탄압 속에서 제3세 교조에 오른 의암 손병희는 1905년 교명을 '천도교天道敎'로 바꾼 다음 이듬해 망명지 일본에서 귀국하였습니다. 이미 국운이 기울어 1910년 한일합방의 비운을 맞게 되었지만, 민족 구원을 위한 주도면밀한 준비 끝에 3·1만세운동에서 주도적인 역할을 하게 됩니다.

손병희는 천도교 교단 내에 민주적인 의사원議事院 제도를 두어 지방대표를 중앙에 상주하게 함으로써 유사시에 대비하고, 중앙대교당 신축기금 명목으로 독립자금을 마련하였습니다. 뿐만 아니라 우이동에 봉황각 수도원을 짓고 지방대표 483명을 합숙 수행시켜 정신적인 준비를 갖추게 하고, 전국의 교도들을 대상으로 1919년 1월 5일부터 2월 22일까지 49일간 연성기도회를 개최하였습니다. 이처럼 만반의 준비를 갖춘

3·1만세운동과 관련된 서울의 주요 유적지는 종로 일대입니다.
헌법재판소에서 출발해 손병희 집터와 중앙고등학교까지 북촌을 거슬러 오른 다음
만해당과 대각사를 거쳐 탑공공원까지 내려옵니다. 이어서 인사동 일대의
여러 유적지를 찾아보고 종루와 보성사 터로 발걸음을 옮깁니다.

봉황각의 손병희 영정과 독립선언서 병풍.

손병희 집터에 세워진 표지석.

다음 전 민족의 이름으로 독립운동을 일으킬 방략을 세웠던 것입니다.

독립운동의 움직임은 해외에서 먼저 일어났습니다. 재미동포들은 1918년 12월 1일 '재미한인전체대표자회의'를 열고 파리 강화회의에 이승만, 민찬호, 정한경 3인을 한국 대표로 보내기로 결의하였습니다. 미국정부가 여권을 발급해 주지 않아 실현되지는 못했습니다.

재일본조선유학생학우회는 '조선독립청년단'을 구성하여 1919년 '2·8 독립선언문'을 발표하였습니다. 중국에 망명한 애국지사들은 '대한청년단'의 결정으로 김규식을 파리로, 선우혁을 국내로, 장덕수와 조용운을 일본으로, 여운형을 만주와 러시아로 파견하였습니다. 국내는 물론 해외동포까지 일제히 독립운동을 전개하기 위해서였습니다.

해외 독립운동의 움직임은 '기독교청년회'와 미국 선교사들에 의해 국내에 알려졌습니다. 민족자결주의의 영향으로 독립운동의 당위성에 고무되어 있던 차에 건강했던 고종 황제가 1919년 1월 21일 갑자기 붕어하자 '일제의 고종 독살설'이 민중들 사이에 널리 퍼져나가면서 3·1만세운동이 일어날 분위기가 조성되었던 것입니다.

종교단체가 앞장서다

3·1만세운동은 초기에는 종교단체와 학생들이 각각 독자적으로 추진하였는데, 그중에서도 주도적인 역할을 한 것은 천도교였습니다. 손병희를 중심으로 권동진, 오세창, 최린 등이 합류하여 독립운동에 합의하고, 1월 하순 대중화, 일원화, 비폭력이라는 3대원칙을 결정하였습니다.

2월 초에는 최린이 중앙학교의 송진우, 현상윤과 상의해 독립선언서를 발표하기로 합의하

천도교 중앙대교당과 어린이 운동 기념비.

였습니다. 아울러 일본정부에 국권 반환 요구서를 보내고, 미국 대통령과 파리 강화회의에 독립청원서를 제출하기로 하였습니다. 국제여론을 일으켜 일본에 압력을 가하기 위해서였습니다.

천도교계에서 주도한 3·1만세운동의 최초의 계획은 각 종교단체와 대한제국 시대의 저명인사들을 민족대표로 내세우는 것이었습니다. 대한제국의 저명인사인 박영효, 한규설, 윤용구, 김윤식, 윤치호 등을 교섭하였으나 모두 거절하였으며, 유림 측은 곽종석에게 참여를 권유했으나 교섭에 실패했습니다. 기독교계는 평북 정주에 있던 이승훈을 교섭한 결과 2월 11일 이승훈이 상경하여 송진우, 신익희 등과 협의하여 천도교와 기독교가 원칙적으로 함께하기로 하였고, 불교계는 최린이 평소 친분이 있던 만해 한용운을 만나 함께하기로 하였습니다.

3·1만세운동에 유림들의 참여가 없었던 이유는 심산 김창숙이 3·1만세운동 전에 성태영에게 독립운동의 낌새를 전해 들었으나 부모님의 병환으로 바로 상경하지 못해 시기를 놓쳤기 때문입니다. 이를 통탄한 김창숙은 유림대표 137명이 서명한 독립진정서 '파리 장서長書'를 작성해 파리로 향했으나 파리로 떠나지는 못하고, 상해에서 '파리 장서'를 영어로 번역해 파리 강화회의와 해외 각국, 그리고 고국에도 보내는 것으로 만족해야 했습니다.

기독교계의 이승훈이 천도교와 함께하기로 원칙적으로 합의하였으나, 그때 이미 기독교계는 평안도의 장로교 계통과 서울의 감리교 계통의 두 갈래로 독자적인 운동이 추진되고 있었습니다. 서울의 기독교계는 '중앙기독교청년회' 간사로 있던 박희도와 함태영이 감리교 계통의 인사들과 청년학생들을 규합하였고, 이승훈은 평안도에서 동지를 규합하며 운동을 준비하였습니다. 그러다가 2월 21일 세브란스병원 내에 있던

중앙고등학교에 세워진 삼일운동 기념비.

중앙고보 숙직실.
도쿄 유학생 송계백이 현상윤, 송진우를 찾아오는 등 만세운동 논의가 이루어졌다.

이갑성의 숙소에서 기독교계 간부들의 동의를 얻어 24일 천도교 측에 통보하였습니다.

책임질 사람이 독립선언문을 작성해야

만해 한용운이 불교계의 삼일운동 참여를 이끌던 유심사 터.

불교계는 만해 한용운이 주도적인 역할을 하였기에 만해가 주석하며 불교 대중 계몽지인 《유심》을 발행하던 계동 유심사를 중심으로 전개되었습니다. 한용운은 2월 25일경 종로구 봉익동의 대각사로 백용성을 찾아갑니다. 백용성은 1911년 대각사를 개창한 다음 대각교운동을 전개하고 있었습니다. 한용운이 파리에서 강화회의가 열리는 기회를 이용하여 각 종교계가 중심이 되어 독립운동을 하려 한다고 하니, 백용성은 기다렸다는 듯이 의기투합하게 됩니다.

한용운은 1918년부터 중앙학림(동국대 전신)의 강사로 재직하고 있었습니다. 1919년 2월 28일 만 장의 독립선언서를 인수받은 그는 그날 밤 평소 자신을 따르던 중앙학림 학생들을 유심사로 모이게 한 다음, 이들에게 독립선언서를 건네주며 3월 1일 오후 2시 이후에 시내 일원에 배포하도록 당부하였습니다. 학생들은 김봉신, 신상완, 백성욱, 김상헌, 정

병헌, 김대용, 오택언, 김법
린, 박민오 등입니다.

한용운에게서 독립선언
서를 전해 받은 중앙학림
학생들은 사태가 시급함을
느끼고 인사동에 있던 범어
사 포교당으로 자리를 옮겨
구체적인 실행방안을 협의
하였습니다. 그리하여 가장
연장자인 신상완을 총참모
로 추대하고, 참모로 뽑힌
백성욱과 박민오는 중앙에
남아 연락책을 겸하여 진두
지휘를 하게 하였으며, 나

한용운과 더불어 불교계 대표로 참여한
백용성이 머물던 대각사.

머지 학생들은 각자 연고가 있는 지역의 사찰로 내려가 만세시위를 주도
할 것을 결의하였습니다.

3·1운동이 전국적으로 확산되는 계기는 이들 중앙학림 학생들에 의
해서 마련되었습니다. 김법린과 김상헌은 동래 범어사를, 오택언은 양산
통도사를, 김봉신은 합천 해인사를, 김대용은 대구 동화사를, 정병헌은
구례 화엄사를 책임지고 만세운동을 주도해 나갔기 때문입니다.

서울 시내를 담당한 학생들은 3월 1일 새벽 3시에 회의장을 떠나 시
내 포교당과 서울 근교의 사찰을 돌아다니며 독립선언서를 배포하였고,
지방을 담당한 학생들은 3월 1일의 서울 시내 만세시위운동에 참가한
후 독립선언서를 가지고 지방 사찰로 향하여 지역별 만세시위운동을 지

학생 대표들의 만세운동 모의가
이루어진 승동교회.

승동교회와 이어져 있는 율곡 이이의 집터에 남아 있는 회화나무.

도하게 됩니다. 이로 인해 중앙학림은 3·1운동을 주도하였다는 이유로 일제로부터 강제 폐교를 당하게 됩니다.

한편 학생들은 기독교측의 박희도가 주동이 되어 보성전문학교 졸업생 주익과 재학생 강기덕, 연희전문학교의 김원벽과 윤화정, 경성전수학교의 윤자영, 세브란스의전의 이용설, 경성공전의 주종의, 경성의전의 김형기 등 9명이 관수동 대관원에서 모임을 개최하였습니다. 이 자리에서 만세운동에 대한 대체적인 합의와 각자의 학교는 물론 중등학교 이상의 학생들을 규합하기로 의견을 모았습니다. 주익이 작성한 독립선언서를 인쇄하려던 차에 종교계의 통합이 이루어졌다는 소식이 들려오자 학생들은 거기에 합류하게 됩니다. 독자적인 독립선언서 원고는 김원벽이 승동예배당에서 불태워버립니다. 이리하여 마침내 종교계와 학생들이 참여하는 3·1만세운동의 지도부가 형성되었습니다.

지도부를 구성하다

지도부가 구성되자 제일 먼저 독립선언서에 서명할 민족대표의 선정 작업에 들어갔습니다. 천도교 측에서는 손병희, 권동진, 오세창, 최린, 이종일, 박준승, 나인협, 임예환, 이종훈, 권병덕, 양한묵, 김완규, 홍기조, 홍병기, 나용환 등 15명, 기독교 측에서는 이승훈, 양순백, 이명룡, 유여대, 김병조, 길선주, 신홍식, 박희도, 오화영, 정춘수, 이갑성, 최성모, 김창준, 이필주, 박동완, 신석구 등 16명, 불교 측에서는 한용운, 백용성 등 2명으로 민족대표 33인이 결정되었습니다.

최남선에게 의뢰해 미리 준비한 독립선언서에 서명하기 위해 민족대표 33인이 모인 자리에서 천도교 손병희 교주, 기독교장로회 길선주 목사, 기독교감리회 이필주 목사가 서명을 하고, 네 번째로 불교계 대표 백용성이 서명하였습니다. 한용운은 다른 종교단체의 대표들에게 순서를 양보하기 위해 공간을 비운 채 뒷부분에 서명하였다고 합니다.

지도부에 속했으나 중요한 역할을 맡은 사람과 개인사정 그리고 거사 이후 독립운동을 추진해 나갈 인물들은 독립선언서의 서명에 빠졌는데, 송진우, 현상윤, 정노식, 김도태, 최남선, 임규, 박인호, 노헌용, 김홍규, 이경섭, 함태영, 안세환, 김세환, 김지환, 강기덕, 김원벽 등 16명이었습니다.

최남선은 학자로서 일생을 마치고 싶다며 독립운동의 전면에는 나서지 않고 독립선언서만 작성하겠다고 하여 민족대표에서 빠졌습니다. 최남선이 독립선언서를 작성하여 최린에게 건네주었는데, 한용운은 독립운동을 책임지지 않을 사람이 선언문을 작성한다는 것은 옳지 않다며 자신이 다시 쓰겠다고 주장하였습니다. 하지만 이미 탈고가 끝난 상태여

한양의 중심을 알리는 표지석과 비각의 주춧돌.

서 한용운은 하는 수 없이 독립선언서 마지막에 만세운동의 행동 지침인 공약삼장公約三章의 내용을 첨가하는 것으로 만족해야 했습니다.

독립선언서는 천도교에서 경영하는 보성사에서 공장장 김홍규가 채자採字하고 사장 이종일이 교정을 본 후 2만 1천부를 인쇄하였습니다. 인쇄 후 경운동 이종일의 집에 보관해 두었다가 28일 아침에 지도부 학생들에게 전달되었습니다. 학생들은 승동예배당에 모여 종로 이북은 불교 학생이, 종로 이남은 기독교 학생이, 남대문 밖은 천도교 학생이 맡아 배포하기로 결정하였습니다.

보성사는 1910년 말 창신사와 보성학원 소속 보성사인쇄소를 합병하여 만든 천도교 계통의 인쇄소로서 종로구 조계사 경내에 있었으며, 기념비와 이종일의 동상이 현재 조계사 후문 맞은편 근린공원에 세워져 있습니다.

을사늑약 체결에 죽음으로 항거한 민영환을 기리는 조형물.

기미독립선언서를 인쇄한 보성사 사장 이종일의 동상.

조선의 독립국임과 조선인의 자주민임을 선언하노라

거사일은 본래 3월 3일로 하려다가 3월 1일로 바뀌었습니다. 3월 3일이 고종황제의 국장일이라서 국장일에 거사하는 것은 불경不敬이라 하여 하루 전날로 당겨졌는데, 기독교 측에서 그날은 일요일이므로 피하자고 하여 결국 3월 1일로 정해진 것입니다.

2월 28일 밤에 33인 대표 가운데 23명이 재동에 위치한 손병희 집에 모여 거사 계획을 최종 검토하였습니다. 그 결과 3월 1일 오후 2시에 파고다공원에서 독립을 선언하기로 한 최초의 계획이 수정되어 장소가 인사동 태화관으로 바뀌었습니다. 학생과 민중이 많이 모이면 일본 경찰과의 무력충돌이 염려된다는 이유로 지도부만 따로 모이기로 하였던 것입니다.

1919년 3월 1일 탑골공원에는 보성전문학교 강기덕과 연희전문학

33인 민족대표들이 모여 독립선언을 발표한 명월관 지점 태화관 터.

학생들이 모여 독립선언서를 낭독하고 시위행진을 시작한 탑골공원 팔각정.

교 김원벽의 연락을 받고 오전 수업만 마친 학생들이 학교별로 모여들어 4, 5천 명을 헤아렸습니다. 학생들은 팔각정 단상에 태극기를 내걸고 오후 2시가 되기를 기다렸습니다. 태화관에서 1차로 독립선언을 하고 탑골공원으로 합류하기로 한 민족대표들이 예정을 바꾸어 현장에 나오지 않자, 경신학교 졸업생 정재용이 단상에 올라가 독립선언서를 낭독하였습니다.

오등吾等은 자玆에 아我 조선의 독립국임과 조선인의 자주민임을 선언하노라. 차此로써 세계만방에 고하야 인류평등의 대의를 극명克明하며, 차此로써 자손만대에 고하야 민족자존의 정권政權을 영유永有케 하노라. …

탑골공원 내 3 · 1만세운동 기념 동판부조.

기미독립선언서 인쇄물.

한편 명월관 지점인 태화관에서는 민족대표 33인 가운데 길선주, 김병조, 유여대, 정춘수 등 4인이 빠진 29명이 정오에 모여 점심식사를 한후 오후 2시가 되자 한용운이 〈독립선언서〉를 낭독하였습니다. 그 후 최린이 태화관 주인 안순환에게 민족대표들이 태화관에서 독립선언식을 거행하고 있노라고 총독부에 전화를 걸게 하여 모두 경찰에 연행되어 갔습니다.

탑골공원에서 독립선언식을 마친 학생과 군중들은 가두시위 행진을 벌였습니다. 때마침 국장國葬을 맞아 전국에서 올라온 민중들이 합류하여 수만 명이 서울 시내를 여러 갈래로 나누어 행진하였습니다. 날이 저물 때쯤에는 교외로 퍼져나가 오후 8시 경에는 마포 전차 종점 부근에서, 밤 11시쯤에는 연희전문학교 부근에서 만세운동이 이어졌습니다. 공약 삼장에서 밝힌 대로 평화적인 시위를 전개하여 단 한 건의 폭력사건도 발생하지 않았습니다.

일제는 이러한 비폭력 평화적 시위대를 무력으로 진압하기 위해 경찰과 헌병 이외에도 용산에 주둔한 보병 3개 중대와 기병 1개 소대를 동원하였습니다. 하지만 결사적으로 행진하는 시위대에 의해 저지선이 뚫리자, 주동자로 보이는 학생들을 체포하기 시작하였습니다. 분노한 시위대는 3월 하순에 접어들면서 일본 경찰파출소에 투석을 하게 되고, 일제 군경이 시위대에 무차별 발포함으로써 사상자가 발생하기에 이릅니다.

일제 군경의 발포로 4월부터는 시위가 현저히 줄어들게 됩니다. 표면적인 시위운동에서 비밀결사라는 새로운 양상으로 바뀌어 산발적인 시위가 3개월쯤 계속됩니다.

조선총독부의 공식기록에는 집회 참여인원이 106만여 명이고, 그 중 사망자가 7,509명, 구속자가 4만 7천여 명으로 나옵니다. 하지만 학자들은 3월 1일부터 4월 30일까지 만세를 부른 사람의 수를 46만 3천 명 정도였다고 봅니다. 1919년 3월 당시 조선의 전체 인구가 1,679만 명이 었으니, 전체 인구의 2.76%가 만세운동에 참여한 셈입니다. 조선총독부

조선의 독립을 요구하는 군중들이 만세를 부르며 행진하고 있다.

의 기록대로라면 만세 시위에 참여한 사람이 6.31%로 늘어납니다.

한성임시정부를 수립하다

3·1만세운동은 대부분의 지도부 요인들이 투옥됨으로써 지속적이고 조직적인 항쟁을 전개할 수 없었습니다. 그리하여 새로운 조직체가 요구되었는데 이에 부응하여 국내에서는 4월 23일에 한성임시정부가, 상해에서는 4월 13일 대한민국임시정부가, 러시아에서는 3월 17일에 대한국민의회가 수립되었으며, 간도에는 군정부軍政府가 조직되었습니다. 이렇듯 여러 조직들이 난립한 것은 일제의 감시와 횡포가 심하여 단일한 대오를 갖추기가 어려웠기 때문입니다.

국내조직인 한성임시정부는 해외의 다른 조직들보다 늦게 구성되었지만 전국 13도 대표의 국민대회 명의로 수립되어 3·1운동의 정통성을 이어 받았다는 의의가 있습니다. 한성임시정부의 수립계획은 3월 17일경에 한남수, 홍면희, 이규갑, 김사국 등이 내자동 한성오의 집에 모여 모임을 가짐으로써 촉발되었습니다. 당시 현직 검사였던 한성오는 전직 검사 출신인 변호사 홍면희와 친분이 있어 자신의 집을 모임 장소로 제공하였습니다. 이날 각 독립운동단체를 망라하는 국민대회를 통해 임시정부를 수립하기로 의견을 모으고, 천도교 안상덕, 기독교 박용희, 장붕, 이규갑, 유교 김규, 불교 이종욱을 대표로 선정하였습니다.

본래는 4월 2일 인천 만국공원에서 13도 대표자대회를 열어 한성임시정부를 수립하기로 하였으나, 추진단계에서 계획이 수정되어 4월 23일 서울시내 서린동에 있는 중국음식점 봉춘관에서 '국민대회'를 열게

4월 23일 한성임시정부 선포식이 거행된 종루.

이야기가 있는 서울 길

됩니다. 이날 봉춘관에는 13도 대표 24명이 모였습니다. 임시정부 선포문과 국민대회 취지서, 결의사항, 그리고 6개조로 된 약법約法과 임시정부령 제 1, 2호를 발표한 후 가까이에 있는 종루에 모여 선포식을 거행하였습니다. 12명의 정부 각료 명단과 파리 강화회의 대표도 선정하였습니다. 비로소 명실상부한 한성임시정부가 탄생한 것입니다.

상해임시정부와 연해주 대한국민의회가 이미 발족한 상태이기 때문에, 임시정부의 난맥상을 극복하기 위한 모임이 국내, 미주, 중국, 러시아의 교포 대표자들이 모인 가운데 상해에서 개최되었습니다. 머리를 맞대고 논의한 결과 3·1만세운동의 정신을 이어받은 한성임시정부에 법통을 부여하고, 임시정부의 장소는 상해에 두기로 결의하였습니다. 이리하여 단일대오를 갖춘 상해임시정부가 1919년 9월 15일에 탄생하게 됩니다.

한성임시정부의 선포문과 국민대회 취지문, 그리고 약법 원본은 1986년 4월 서울 종로구 이화장에 보관 중이던 이승만의 유품 속에서 처음으로 발견되었습니다. 한성임시정부의 수립과 선포를 문헌으로 뒷받침하는 귀중한 사료입니다.

충효를 생각하는
서달산 길

기행 코스

서달산이 부려놓은 사육신묘와 국립현충원, 그리고 관왕묘를 찾아
충절에 대하여, 더불어 한강변의 정자에서 조선시대의 조운漕運과
효도에 대해서 생각하며 걷는 길

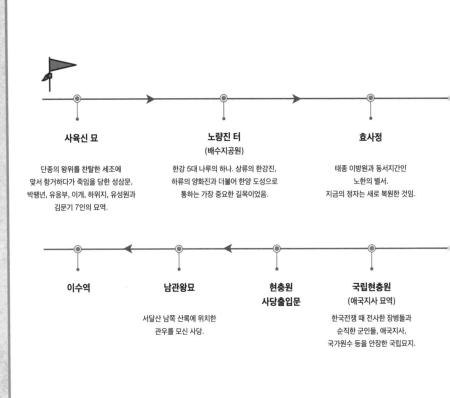

사육신 묘

단종의 왕위를 찬탈한 세조에
맞서 항거하다가 죽임을 당한 성삼문,
박팽년, 유응부, 이개, 하위지, 유성원과
김문기 7인의 묘역.

노량진 터
(배수지공원)

한강 5대 나루의 하나. 상류의 한강진,
하류의 양화진과 더불어 한양 도성으로
통하는 가장 중요한 길목이었음.

효사정

태종 이방원과 동서지간인
노한의 별서.
지금의 정자는 새로 복원한 것임.

이수역

남관왕묘

서달산 남쪽 산록에 위치한
관우를 모신 사당.

**현충원
사당출입문**

국립현충원
(애국지사 묘역)

한국전쟁 때 전사한 장병들과
순직한 군인들, 애국지사,
국가원수 등을 안장한 국립묘지.

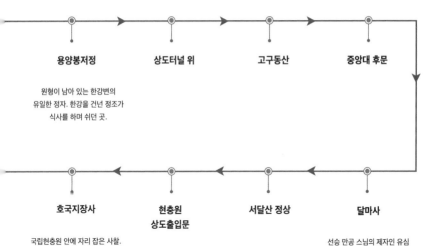

용양봉저정

원형이 남아 있는 한강변의
유일한 정자. 한강을 건넌 정조가
식사를 하며 쉬던 곳.

상도터널 위

고구동산

중앙대 후문

호국지장사

국립현충원 안에 자리 잡은 사찰.
신라 말에 도선국사가 창건한
갈궁사에 그 뿌리를 두고 있다.

**현충원
상도출입문**

서달산 정상

달마사

선승 만공 스님의 제자인 유심
스님이 1931년 창건한 사찰.

달마는 서쪽에서 왔다

안성 칠현산에서 시작되어 김포 문수산에 이르는 산줄기를 한남성맥이라고 부릅니다. 관악산에서 갈라져 나온 한남정맥의 한 지맥은 동쪽으로 우면산과 매봉산을 지나 봉은사를 품은 수도산에서 봉긋 솟았다가 한강으로 몸을 숨깁니다. 북쪽으로 뻗은 다른 한 줄기는 남현동과 봉천동의 경계를 이루는 까치고개를 지난 다음 숭실대학교에서 총신대학으로 넘어가는 사당이 고개를 거쳐 서달산에서 힘껏 솟구칩니다. 그 여맥이 동쪽으로는 반포천 끝자락에 닿아 있는 갯말산에서 한강으로 숨어들고, 북쪽으로는 비개고개를 지나 십용사기념탑이 있는 봉우리에서 한강으로 숨어들고, 서쪽으로는 상도터널 위를 지나 본동사무소 뒷산인 안산에서 도로를 건너 사육신공원이 자리한 작은 봉우리를 거쳐 한강으로 숨어듭니다.

서달산은 '달마가 서쪽으로부터 왔다'는 선종의 화두話頭에서 유래된 이름이며 달리 화장산, 공작봉이라 불리기도 합니다. 화장산은 국립현충원 안에 있는 호국지장사의 옛 이름이 화장사여서 붙여진 이름이고, 공작봉은 국립현충원을 감싸고 있는 산봉우리 정상에서 뻗은 좌청룡, 우백호의 산세가 공작이 알을 품은 것과 같은 공작포란형孔雀抱卵形 형국이라 하여 붙여진 이름입니다.

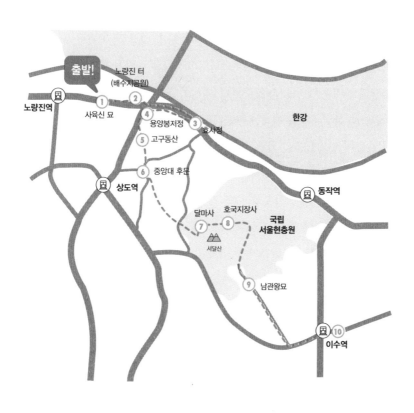

옛 서울 5대 나루의 하나였던 노량진에는 충절을 상징하는 사육신묘가 있습니다.
사육신 묘역을 둘러본 후 한강변의 효사정과 용양봉저정을 답사합니다.
이어서 서달산 줄기를 타고 국립현충원으로 이동한 다음 사당동 남관왕묘에서
여정을 마무리합니다.

사육신은 죽어서 말한다

사육신은 형식적으로는 선양禪讓의 모양새를 갖추었으나 조카의 왕위를 찬탈한 세조에 맞서 항거하다가 죽임을 당한 성삼문, 박팽년, 유응부, 이개, 하위지, 유성원을 일컫는 말입니다. 이들 여섯 사람 외에도 당시 희생된 사람은 많았습니다. 권자신, 김문기를 비롯해 유배지인 순흥에서 2차 단종 복위운동을 전개한 금성대군과 부사 이보흠, 그리고 함께 희생된 순흥의 양민들을 합치면 그 수는 수백에 이릅니다. 이렇게 많은 희생자가 있었음에도 불구하고 유독 사육신만 꼽히는 것은 당시 절의파의 한 사람인 남효온이 쓴 〈사육신전〉에 기인한 바가 큽니다.

단종이 왕위에 오른 지 3년 만인 1455년(단종 3) 단종의 숙부인 수양대군은 조카로부터 왕위를 빼앗습니다. 이에 분노한 충신들은 단종의 복위를 위해 목숨을 걸고 세조 일파를 몰아내기 위한 계획을 세웠습니다. 마침 좋은 기회가 찾아왔습니다.

1456년 명나라 사신의 환송연에서 성삼문의 아버지 도총관 성승과 훈련도감 유응부가 칼을 빼들고 임금을 보호하는 호위무장 직책인 운검雲劍을 맡게 되어, 세조와 세자를 한꺼번에 죽일 수 있는 절호의 기회를 맞았던 것입니다. 그러나 낌새가 이상한 것을 예감한 한명회가 임금의 뜻이라며 운검을 두지 말자고 주장하여 거사 계획은 수포로 돌아가고 말았습니다. 그러자 함께 모의에 참여했던 성균관 사예司藝 김질이 겁을 먹고 그의 장인 정창손을 찾아가 의논한 뒤 세조에게 고변하여 연루자들이 모두 붙잡혔습니다.

성삼문은 잔혹한 고문에도 굴하지 않고 세조를 '전하'라 부르지 않고 '나리'라고 불렀으며, 다른 이들도 진상을 자백하면 용서하겠다는 말을

거부하고 참혹한 고문을 받았습니다. 성삼문, 박팽년, 유응부, 이개는 단근질로 죽었고, 하위지는 참살당했고, 유성원은 잡히기 전에 아내와 함께 자살하고, 김문기도 사지를 찢기는 참혹한 형벌로 죽었습니다. 뿐만 아니라 사육신의 가족들은 남자는 모두 죽임을 당하고, 여자는 노비로 끌려갔습니다.

지금 사육신묘에는 일곱 분이 모셔져 있습니다. 참형을 받고 버려져 있던 성승, 성삼문, 박팽년, 유응부, 이개 다섯 분의 시신을 매월당 김시습이 수습해 현재의 위치에 모셨다고 합니다. 임진왜란 이후 성승의 묘는 찾을 수 없었고 네 분의 묘만 남았는데도 사육신묘라고 불렸습니다. 그러다가 사육신공원 성역화사업이 시작되면서 나머지 세 분인 하위지의 묘는 선산善山에서 이장하였고, 유성원의 묘도 새로 꾸몄으며, 김문기의 가묘도 함께 만들었습니다. 정문인 불이문과 일곱 분의 위패를 모신 사당인 의절사도 이때 세웠습니다. 1691년(숙종 17)에 사육신을 배향하기 위해 세운 민절서원은 자취를 감추고, 주춧돌 6개만 쓸쓸히 그 자리를 지키고 있습니다.

사육신 묘역 주위에는 두 개의 서원이 있었습니다. 하나는 인현왕후의 폐위를 반대하다가 진도로 유배를 가던 중에 노량진에서 죽은 박태보를 배향한 노강서원鷺江書院입니다. 노강서원은 나중에 반남 박씨들의 유택과 종택이 있는 수락산 밑자락 의정부 장암동으로 옮겨갔습니다. 박태보는 소론의 대가인 서계 박세당의 둘째 아들입니다.

다른 하나는 사충서원四忠書院입니다. 노론의 네 대신인 김창집, 이건명, 이이명, 조태채를 배향한 서원입니다. 경종이 즉위한 다음 후사가 없던 경종의 후계 문제로 노론과 소론이 다투는 과정에서 연잉군을 세자로 세운 이들을 역모로 몰아 죽였는데, 경종이 죽고 영조가 즉위하자 이들 모두를 복권시키고 네 명의 충성스런 신하라는 뜻으로 사충서원을 세웠던 것입니다. 사충서원 역시 다른 장소인 하남시 상산곡동으로 옮겨갔습니다.

성삼문이 남긴 친필 글씨.

의절사 입구에 세워진
홍살문.

성삼문의 묘.
작은 비석에 이름도 없이
'성씨의 묘成氏之墓'라고 쓰여 있다.

사육신 묘역.
작고 수수한 묘역이 세속의 명리를
거부한 그들의 기개를 전하는 듯하다.

1900년 한강철교가 준공된 직후 노량진에서 바라본 풍경.

노들나루에는 수양버들이 울창했다

　조선시대 한양 도성에서 삼남지방으로 향하는 도로는 반드시 한강을 건너야 했습니다. 그래서 도로가 지나는 한강 어귀에는 강을 건너는 배가 닿을 수 있는 나루가 생겼습니다. 나루는 강폭의 넓고 좁음과 사람과 물자의 유통량에 따라 그 중요성을 달리 하지만, 대체로 도渡와 진津이라는 이름으로 많이 불렸습니다. 진도제도津渡制度로 생겨난 나루터는 백성들의 이동에 대한 감시가 용이하였으므로, 국가에서 직접 관리하고 그곳에 별감別監을 파견하였습니다.

　한강변의 주요 나루터를 상류에서부터 살펴보면 광나루廣津, 송파나루松波津, 서빙고나루西氷庫津, 동작나루銅雀津, 한강나루漢江津, 노들나루鷺梁津, 용산나루龍山津, 삼개나루麻浦津, 서강나루西江津, 양화나루楊華津, 공암나루孔巖津 순입니다. 이중 광진, 송파진, 한강진, 노량진, 양화진은 한강의 5대 나

옛 노량진 터를 전철이 지나고 있다.

루로 꼽혔습니다.

노량진은 5대 나루 중의 하나이면서 상류의 한강진, 하류의 양화진과 더불어 한양 도성으로 통하는 가장 중요한 길목이었습니다. 이곳에는 진鎭이 설치되어 군대가 주둔하였고, 특히 수양버들이 울창해서 노들나루라고도 불렸습니다. 노량진은 도선장의 역할을 하는 도진촌락渡津村落으로, 남쪽 언덕에는 노량원이라는 여관이 있어 도성을 오가는 사람들이 쉬어가곤 하였습니다.

또한 한강 북쪽의 용산진과 서로 왕래하며 도성과 시흥, 수원 방면의 간선도로를 이어주는 역할을 하였습니다. 용산나루 주변은 지금은 그 흔적을 찾을 길이 없지만 넓은 모래밭이었습니다. 조선시대에 왕의 친위부대인 용호영과 함께 도성을 나누어 지키던 훈련도감, 금위영, 어영청의 삼군문三軍門 군사들이 무예를 연습하던 곳이었습니다.

노량진은 우리나라 철도의 시발지이기도 합니다. 경인철도 부설권을 미국인 모스에게서 양도 받은 일본이 1899년에 노량진에서 제물포까지

유일하게 남아 있는 용양봉저정의 건물

33.2km의 경인선을 개통하였습니다. 그 기념비가 노량진역 구내에 세워져 있습니다.

임금이 도성을 떠나 멀리 행차를 하게 되면 한강을 꼭 건너야만 하는데, 조선 초기에는 임금도 배를 타고 한강을 건넜습니다. 하지만 조선 중기로 가면서 임금의 능행차가 빈번해지자 강을 건너는 안전한 방법이 강구되었는데 그것이 배다리舟橋입니다.

배를 일렬로 정렬하여 강 위에 띄워놓고 그 위에 상판을 얹어 다리와 같은 역할을 하게 만들었기 때문에, 배다리 설치장소는 지형과 물살을 잘 살펴서 정해야 했습니다. 선정릉, 현융원(지금의 융건릉)과 온양온천에 행차할 때는 노량진에 설치하였고, 헌릉, 영릉에 행차할 때는 광진에 설치하였습니다.

김홍도가 그린 〈정리의궤첩〉 속의 배다리와 용양봉저정.

노량진의 배다리는 세종과 세조가 온양온천으로 휴양 갈 때, 그리고 숙종이 영릉을 참배하러 갈 때 설치되었습니다. 특히 정조는 지금의 서울시립대학교 뒷산인 배봉산에 있던 아버지 사도세자의 묘인 영우원을 수원 화산 현융원으로 옮기고 자주 참배하였으므로, 한강을 건너는 수고로움을 덜기 위해 배다리를 설치하는 주교사라는 전담기구까지 만들었습니다.

시인 묵객들, 풍류를 즐기다

한강변의 전망 좋은 바위언덕이나 봉우리는 조선시대 최고의 풍류 장소였습니다. 그런 곳에는 으레 왕족과 사대부들의 정자가 들어서, 한때는 80여 개를 헤아렸다고 합니다. 지금은 대부분 사라지고 문헌상으로만 남아 있는데, 위치가 확인돼 복원됐거나 표석이 세워진 곳은 14곳밖에 되지 않습니다.

현재 원형이 남아 있는 한강변 정자는 용양봉저정(한강대교/본동)이 유일합니다. 복원된 정자는 효사정(한강대교/흑석동), 소악루(가양대교/가양동), 망원정(양화대교/망원동), 낙천정(잠실대교/자양동)의 네 곳이고, 표석이 세워진 정자 터는 화양정(영동대교/화양동), 압구정(성수대교/압구정동), 삼호정(원효대교/원효로), 천일정(한남대교/한남동), 제천정(한남대교/한남동), 심원정(서강대교/원효로), 담담정(양화대교/마포북단), 창회정(마포대교/원효로), 쌍호정(동호대교/옥수동)의 9곳입니다. 그 가운데 서달산 기슭에 기대고 있는 정자는 봉양용저정과 효사정입니다.

용양봉저정은 배다리로 한강을 건넌 정조가 어가에서 내려 잠시 쉬면서 점심을 먹은 곳으로, 점심晝食을 들며 머물렀다고 해서 주정소晝停所라고 불리기도 했습니다. 또한 임금이 머문 곳이라서 용이 뛰놀고 봉황이 높이 난다는 뜻으로 용양봉저정龍驤鳳翥亭이라는 이름이 붙여졌습니다.

이 정자는 본래 선조 때의 중신 이양원의 집 터였는데, 정조 때에 주정소로 이용되다가, 고종 때 유길준에게 하사되었습니다. 다시 1930년대에 일본사람 이케다에게 넘어가 오락장으로 변질되었다가 광복과 함께 국유화되었습니다. 다른 건물들은 자취를 감추고, 정자 한 채만 외롭게 남아 있습니다.

효사정은 민제의 사위로 태종 이방원과 동서지간이며 16세에 음서로 출사하여 경기도관찰사, 한성부윤, 대사헌, 우의정을 지낸 노한의 별서였습니다. 노한은 어머니가 돌아가시자 3년간 시묘侍墓했던 자리에 정

복원한 효사정의 모습.

한강을 배경으로 한 효사정.

자를 짓고, 이따금 정자에 올라 모친을 그리워하고 더불어 개성에 있는 부친의 묘를 생각하며 부모에 대한 애틋한 마음을 달랬습니다. 본래의 효사정은 없어지고 있던 자리마저 찾을 수 없어, 가까운 한강변 낮은 언덕에 정자를 새로 세웠습니다. 정자가 들어선 자리는 일제강점기 때 한강신사라는 일본 신사가 있던 자리입니다.

효사정이라는 이름은 노한과 동서지간인 이조판서 강석덕이 지었고, 그의 아들 강희맹은 〈효사정기〉를 남겼습니다. 또한 정인지, 서거정, 신숙주, 김수온 등 당대의 문신, 학자 들이 효사정과 관련된 시문을 남겼습니다.

소악루는 양천현의 주산인 궁산에 세워진 정자입니다. 한강의 경치와 강 건너 덕양산과 멀리 인왕산이 한눈에 들어오는 경치 좋은 곳으로, 겸재 정선이 양천현감으로 있을 때 이곳에 올라 한강변의 좋은 풍광을 그린 그림이 화첩으로 전해져 오고 있습니다.

망원정은 세종의 형인 효령대군이 별장을 지어 강변의 풍경을 즐기던 곳으로, 망원정이라는 이름은 성종 때 월산대군이 지었습니다. 태종이 어느 날 농사를 시찰하러 이 정자에 나왔을 때, 날이 가물던 중에 비가 흡족하게 쏟아졌다고 해서 희우정喜雨亭이라고도 불렀습니다. 명나라 사신들을 접대하던 연회장으로도 사용하고, 수륙 양군의 훈련장으로도 유명하였습니다.

낙천정은 태종이 세종에게 왕위를 물려준 후 지내던 곳으로, 정자가 세워진 곳은 주위보다 약간 높은 지대여서 대산臺山이라고 불렸습니다. 대산 서북쪽 모퉁이에는 이궁도 지었으며, 태종은 이곳에서 세종과 정사도 논의했다고 합니다. 좌의정 박은이 《주역》에 나오는 "천명을 알아 즐기노니 근심하지 않는다樂天知命故不憂"라는 글귀를 따 정자 이름을 낙천정

효사정에서 바라본 한강. 건너편은 용산구 이촌동이다.

이라 지었다고 합니다.

화양정은 뚝섬의 말들이 떼 지어 노는 모습을 즐기기 위해 세종 때 지은 정자입니다. 동지중추원사 유사눌이 《주서周書》에 나오는 "말을 화산 양지에 돌려보낸다歸馬于華山之陽"란 뜻을 취하여 '화양華陽'이라고 하였습니다.

압구정은 세조 때의 권신인 한명회의 별장으로, 명나라 한림학사 예겸이 "부귀공명 다 버리고 강가에서 해오라기와 벗하여 지낸다"는 뜻으로 '압구정'이라 이름을 지어주었다고 합니다. 중국 사신을 접대하는 곳으로 이용되기도 하였습니다. 한명회가 관직을 사퇴하고 이곳에서 여생을 지내려 하자 임금이 〈압구정시狎鷗亭詩〉를 친제하여 하사하였고, 조정 문신들이 차운次韻하여 그 시가 수백 편이나 되었다고 합니다.

삼호정은 조선 후기 헌종 때 의주부윤을 지낸 김덕희의 별장이었습니다. 그는 시문을 잘 짓는 기생 출신의 김금원을 소실로 두었는데, 그녀는 1847년 자기와 처지가 비슷한 기녀, 서녀庶女 출신 소실들을 모아 '삼호정 시사詩社'를 만들고, 삼호정에 모여 시회를 열었습니다.

천일정은 고려시대의 절터에 세워진 개인 소유 정자로, 황희 정승의 손자사위인 김국광이 처음 정자를 지었습니다. 이항복의 소유가 되었다가 조선 후기에는 민영휘의 별장이 되었습니다. 현판 휘호는 청나라 사람 옹동화가 민영휘에게 써준 글씨이고, 정자의 이름은 당나라 왕발의 〈등왕각藤王閣〉 서문에 나오는 "가을 물빛이 하늘빛과 함께 길다秋水共長天一色"는 시구에서 따 왔습니다.

동작나루를 그린 겸재의 〈동작진〉. 국립현충원 아래 지금의 명수대 부근이다.

서달산 정상.

부드러운 서달산 둘레길.

제천정은 한남동에 위치했던 왕실 소유의 정자로, 1456년(세조 2)에
세워졌습니다. 세조 때부터 1563년(명종 18)에 이르기까지 한강변 정자
가운데서 왕들이 가장 자주 찾은 곳으로, 경도십영京都十詠에도 나와 있듯
이 '제천완월濟川翫月'이라 하여 달구경하기 좋은 곳으로 꼽혔습니다. 광희
문을 나와 남도지방으로 내려가는 길목에 있었기 때문에, 왕이 선릉이나
정릉에 친히 제사하고 돌아오는 길에 잠시 들러 쉬기도 하고, 중국 사신

이 오면 언제나 이 정자에 초청하여 풍류를 즐기게 하였다고 합니다.

심원정은 임진왜란 때 왜군과 명나라가 화전 교섭을 벌였다는 정자로, 용산구문화원 부근 언덕에 그 터가 남아 있습니다.

담담정은 조선 초 안평대군이 지은 정자로, 안평대군은 이 정자에 만여 권의 책을 쌓아두고 시회를 베풀곤 했다고 합니다. 그는 이 정자에 거동하여 중국 배를 구경하고 각종 화포를 쏘는 것을 즐겨 구경하였습니다. 나중에는 영의정 신숙주의 별장이 되었습니다. 폐허가 된 터에 들어선 마포장麻浦莊에 광복 후 이승만 대통령이 잠시 머물기도 하였습니다.

창회정은 조선 초에 수양대군이 왕위에 오르기 전에 자주 놀러 다녔던 곳입니다. 그는 이곳에서 한명회와 권람을 만나 대사를 논의하곤 하였습니다.

쌍호정은 1808년(순조 8)에 조대비의 생가 옆에 있던 정자로, 조대비가 출생할 때에 호랑이 두 마리가 정자 앞에 와 있었다 하여 쌍호정雙虎亭이라 이름 붙여졌다고 합니다. 주변의 자연풍광이 빼어나 문인, 명사들이 정자를 짓고 여가를 즐겼으나, 1911년 경원선 철도 부설 이후 옛 정취는 거의 사라졌습니다.

공작이 알을 품은 국립현충원

서달산 서쪽 산록에 자리 잡은 달마사는 유명한 선승 만공 스님의 제자인 유심 스님이 1931년 창건한 조계종 사찰로 일제강점기 때 만공 스님께서 가끔 법문을 하셨던 곳입니다.

서달산에 기대고 있는 국립현충원은 동작이 알을 품고 있듯 상서로

운 기맥이 흐르는 형국이어서 '동작포란형'이라고 일컫습니다. 한강수
가 용트림하듯 곁을 흐르고 있어 지세를 한층 수려하게 만들어줍니다.
역사적으로 보면 조선시대 단종에게 충절을 바쳤던 사육신의 제사를 모
시던 육신사六臣祠가 있던 곳으로 전해집니다.

1956년 제정된 '군 묘지령'에 의해 초기에는 한국전쟁 때 전사한 장
병들과 순직한 군인들을 안장하였으며, 국무회의 의결로 순국선열과 국
가유공자까지 모시게 되었습니다. 1965년 '국립묘지령'으로 재정립되
어 애국지사, 경찰관 등에까지 대상이 확대되었습니다. 2005년 동작동
국립묘지의 명칭이 '국립서울현충원'으로 변경되었습니다.

서달산에 기대고 있는 서울현충원.

국립현충원 안에 자리 잡은 호국지장사.
신라 말에 도선국사가 창건한 갈궁사가 그 뿌리다.

국립현충원의 묘역은 국가원수 묘역, 애국지사 묘역, 국가유공자 묘
역, 군인 및 군무원 묘역, 경찰관 묘역, 일반 묘역, 외국인 묘역으로 구분
되어 있습니다. 애국지사 묘역에는 조선시대 말과 일제강점기에 의병 활
동과 독립투쟁을 펼친 순국선열(133위)과 애국지사(212위) 345위가 모
셔져 있습니다.

국립현충원 안에 자리 잡은 호국지장사는 신라 말에 도선국사가 창
건한 갈궁사에 그 뿌리를 두고 있습니다. 고려 공민왕 때 보인 스님이 중
창하고 화장암이라 개명하였던 것을 조선시대 선조의 할머니인 창빈 안
씨의 묘를 국립현충원 안으로 모시게 되자 화장사로 승격시켰습니다.

서달산 남쪽 산록에는 관우를 모신 사당인 남관왕묘가 있습니다. 일
반인의 사당임에도 그 격이 매우 높다는 것은 사당의 이름에 명확히 나

타납니다. 왕의 조상을 모시는 사당
이 종묘이고, 유학의 창시자인 공자
를 배향하는 사당인 대성전을 문묘라
고 합니다. 관우를 모신 사당을 관왕
묘라고 부르는 것은 같은 격으로 대
우하는 것이라 할 수 있습니다.

　관왕 숭배 사상은 명나라 초기부
터 성행하던 것으로, 우리나라에는
임진왜란 때 조선을 도우러 온 명나
라 군사들에 의해 전파된 것으로 보
입니다. 관우의 음덕으로 임진왜란에

관우의 사당인 남묘.

서 이길 수 있었다는 믿음이 전란 중에 조선 병사들에게 전이되어 민간
신앙으로 정착되었습니다.

남묘는 목멱산 아래 있던 것을 서달산 남쪽 자락으로 옮겼다.

남관묘는 일제가 목멱산에 조선신궁을 세우면서 헐어버린 것을 지금의 사당동으로 옮겨 왔습니다. 동관묘는 특히 성균관의 문묘와 나란히 무묘武廟라 불릴 만큼 격이 높았는데 봄, 가을에 치러지는 대제 때는 임금이 손수 무복武服을 입고 참례할 정도였습니다. 지방에도 성주, 안동, 남원, 강진의 네 곳에 관왕묘가 세워졌습니다.

허준과 정선을 만나는
강화 길

기행 코스

한강변 강화 길에 있는 양천 고을에서
겸재 정선과 구암 허준의 자취를 더듬어보는 여정

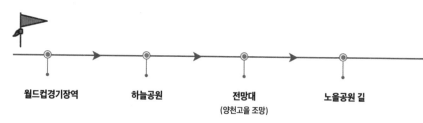

월드컵경기장역 → **하늘공원** → **전망대**
(양천고을 조망)
→ **노을공원 길**

난지도 쓰레기장에서
자연생태공원으로 탈바꿈한 곳.
옛 양천 고을을 한눈에 조망할 수 있는 곳.

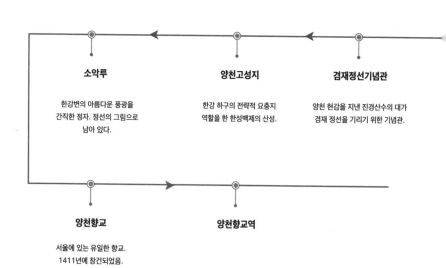

소악루

한강변의 아름다운 풍광을
간직한 정자. 정선의 그림으로
남아 있다.

양천고성지

한강 하구의 전략적 요충지
역할을 한 한성백제의 산성.

겸재정선기념관

양천 현감을 지낸 진경산수의 대가
겸재 정선을 기리기 위한 기념관.

양천향교

서울에 있는 유일한 향교.
1411년에 창건되었음.

양천향교역

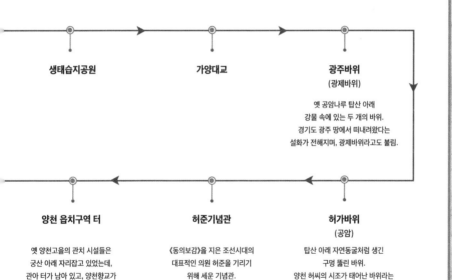

생태습지공원

가양대교

광주바위
(광제바위)

옛 공암나루 탑산 아래
강물 속에 있는 두 개의 바위.
경기도 광주 땅에서 떠내려왔다는
설화가 전해지며, 광제바위라고도 불림.

양천 읍치구역 터

옛 양천고을의 관치 시설들은
궁산 아래 자리잡고 있었는데,
관아 터가 남아 있고, 양천향교가
복원되어 있다.

허준기념관

《동의보감》을 지은 조선시대의
대표적인 의원 허준을 기리기
위해 세운 기념관.

허가바위
(공암)

탑산 아래 자연동굴처럼 생긴
구멍 뚫린 바위.
양천 허씨의 시조가 태어난 바위라는
이야기가 전해져 허가바위라고도 한다.

상처 받은 땅 난지도에서 옛 양천 고을을 조망하다

조선시대의 6대로는 한양을 중심으로 전국을 종단 횡단하는 간선도로입니다. 삼남로는 전라도 해남과 경상도 통영까지, 영남로는 경상도 동래까지, 평해로는 강원도 강릉을 지나 경상도 평해까지, 경흥로는 함경도 경흥까지, 의주로는 평안도 의주까지, 강화로는 강화도까지 연결됩니다.

강화로는 한양 도성을 벗어나 양화진에서 배로 한강을 건너 양천, 김포, 통진, 강화, 그리고 교동도까지 이어지는 한양에서 서쪽으로 난 간선도로입니다. 양천 고을은 그 길목이면서 한강 남쪽 연안에 자리 잡고 있어, 반대편인 강북에서 바라다보아야 한강 너머로 확 트인 시계가 확보되어 총체적인 풍광을 감상할 수 있습니다.

그래서 먼저 현재 한강 하류의 가장 높은 산봉우리가 되어 있는 상암동 하늘공원과 노을공원에서 양천 고을을 조망하며 인문지리적인 교양을 쌓고, 가양대교를 건너 조선시대 양천 고을의 읍치구역, 그리고 허준과 정선의 자취를 더듬어 볼 예정입니다. 하늘공원에 오르면 광활한 대지에서 하늘거리는 억새의 향연이 잊지 못할 추억을 만들어줍니다.

하늘공원과 노을공원은 두 개의 산봉우리로 보이지만, 본래는 삼각

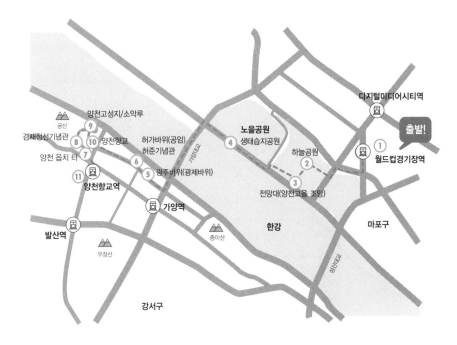

한강 하류 옛 양천 고을 일대는 강변 경치가 아름다워 많은 시인 묵객들이
즐겨 찾던 곳입니다. 난지도 하늘공원 전망대에서 양천 고을을 조망한 뒤,
가양대교를 건너 강서구로 들어섭니다. 광주바위, 허준기념관을 거쳐
양천 읍치 구역 일대와 겸재정선기념관을 둘러봅니다.

정선의 그림 〈양화환도〉.
양화나루를 건너면 바로 양천 고을이었다.
오른쪽 멋진 자태의 봉우리는 지금은 사라진 선유봉.

산의 문수봉, 비봉, 수리봉을 잇는 산줄기의 남서쪽 능선으로 흘러내린 불광천과 홍제천이 합류하여 한강으로 흘러드는 길목에 있던 퇴적층으로 형성된 난지도라는 아름다운 섬이었습니다.

홍제천은 다른 이름으로 모래내沙川라고 불릴 만큼 많은 모래들을 실어 날랐습니다. 강물에 실려 온 모래는 하구河口에 와서 한강의 거센 물살에 주춤하며 모래톱 섬을 만들었으며, 그곳에 난蘭과 지초芝草가 무성히 자라 난지도라 불렸습니다. 섬의 모양이 오리가 물 위에 떠 있는 모습과 비슷하다고 하여 달리 오리섬 또는 압도鴨島라고도 불렸습니다.

이렇듯 아름다웠던 난지도에 1977년 제방이 만들어지고 이듬해부터 쓰레기가 반입되기 시작하였습니다. 산업화 과정에서 발생한 산업 폐기물과 서울시민들이 쓰다 버린 쓰레기를 갖다 버리는 버림받은 땅으로 전락하고 만 것입니다. 15년 동안 난지도에 버려진 쓰레기의 양은 8.5톤 트럭 1,300만대 분량에 이른다고 합니다. 그 어마어마한 쓰레기 더미가 지금과 같은 거대한 두 개의 산봉우리를 만든 것입니다.

억새가 만발한 하늘공원 전망대.

하늘공원의 억새밭 너머로 목멱산이 보인다. 〈목멱조돈〉 속의 풍경을 닮았다.

하늘공원에서 바라본 관악산. 아래쪽 섬은 옛 모습을 잃은 선유도.

1991년 김포에 새로운 쓰레기 매립지가 생기면서 난지도의 쓰레기 반입은 중단되었습니다. 하지만 그 후로도 한동안 난지도는 쓰레기에서 배출되는 공해물질로 몸살을 앓아야 했습니다. 다행히도 '근대화의 형벌지 같던 땅'이 지금은 자연생태공원으로 탈바꿈하였습니다. 동쪽 봉우리는 하늘공원이란 이름을 얻어 억새밭이 되었고, 골프장을 만들었던 서쪽 봉우리도 지금은 잔디를 활용한 가족 캠핑장으로 용도를 변경하여 노을공원이란 이름으로 시민의 품으로 돌아왔습니다.

아름다웠던 선유봉은 어디로 사라졌나

한강 하류 남쪽에 자리한 양천 고을은 강변 경치가 아름답기로 이름

높았습니다. 풍류를 즐기는 시인 묵객들이 찾아와 선상시회船上詩會를 즐기고, 아름다운 풍광을 그림으로도 남겼습니다.

그 가운데서도 의왕 백운산에서 흘러내린 학의천과 군포 수리산에서 흘러내린 산본천을 하나로 품어 북으로 흐르다가 염창나루에서 한강으로 흘러드는 안양천 주변의 풍광이 가장 빼어났습니다. 안양천은 삼성산의 안양사에서 발원하여 지금의 이름을 갖게 되었으며, 조선시대에는 대천大川 또는 기탄岐灘이라고도 불렀습니다. 나룻배로 한강을 건너 다녔던 양화진에는 양화대교가 놓였으며, 양화대교 남단을 양평이라 하였습니다. 양평楊坪이란 지명은 양화진 근처 벌판에 형성된 마을이라는 뜻으로, 지금은 양평동이라는 행정동 이름으로 남아 있습니다.

양평동은 인접한 당산동, 도림동과 함께 1960년대부터 섬유와 식품을 중심으로 한 노동집약적 소규모 공장이 들어섰던 곳입니다. 어떤 사람들은 양평동 하면 먹을 것이 귀했던 시절에 맛있는 과자를 생산하던 해태제과가 있던 곳으로 기억할 것입니다. 공장 터에 대규모 빌딩을 지으려다가 해태제과의 몰락으로 철골 구조물만 6, 7년째 을씨년스럽게 흉한 몰골로 남아 있다가 최근에 주상복합 건물이 새롭게 들어섰습니다.

양천 고을에 지금껏 남아 있는 한강변의 산봉우리는 상류로부터 선유봉(꽹이봉), 쥐봉, 증미산, 탑산, 궁산, 개화산이 있습니다. 하지만 개발이라는 미명 아래 모두 파헤쳐져 예전의 아름다웠던 풍광은 흔적조차 찾기 어렵습니다. 옛 모습을 잃어버린 산봉우리들이 쓸쓸한 모습으로 흐르는 강물만 하염없이 바라볼 뿐입니다.

선유봉은 모래밭인 선유도에 솟아 있던 해발 40여 미터의 두 개의 암봉으로, 그 절벽의 경치가 매우 아름다웠습니다. 봉우리 모양이 고양이가 쥐를 발견하여 발톱을 세우고 있는 것처럼 생겼다고 꽹이봉이라고도

안산의 저녁 봉화를 그린 겸재의 그림.

하였고, 선유봉 암석의 꿋꿋함을 칭송하여 명나라 사신 주지번이 암벽에 지주砥柱라는 글자를 새긴 다음부터는 지주봉이라고도 불렀습니다.

　예전에는 선유도와 인접한 양평동 쪽 양화진 나루와의 사이에 넓은 백사장이 형성되어 있고 수심도 낮아 걸어서 건널 수 있었습니다. 마포 쪽은 강폭이 넓고 물결이 잔잔하여 풍류객들이 취흥을 돋우는 배를 띄우곤 하였습니다.

　왕위를 세종에게 양보하고 명산대천의 자연풍광을 즐겨 찾았던 양녕대군은 말년에 이곳 선유도에 영복정榮福亭을 짓고 한가롭게 지냈다 하며, 겸재 정선은 1741년경 선유봉을 배경으로 〈양화환도楊花喚渡〉, 〈금성평사錦城平沙〉, 〈소악후월小岳候月〉 등 3편의 진경산수화를 남겼습니다.

겸재의 그림 〈소악후월〉. 소악루에서 달이 뜨기를 기다린다는 뜻.

　선유도는 30여 가구의 주민이 거주하는 섬이었습니다. 주민들은 주로 농사를 짓고 더러는 양화 나루터 짐꾼으로 생계를 이어갔으나, 1925년의 대홍수 때 많은 피해를 입어 이주가 시작되었습니다. 1930년대에 일제는 대동아전쟁을 치르기 위해 김포비행장을 건설하면서 이곳에 채석장을 만들었고, 미군정 시기에도 비행장 건설과 도로 개설을 위해 석재를 채취하였습니다.

　박정희 정권 때는 강변북로 건설에 필요한 모래를 선유도에서 마구잡이로 채취하였습니다. 수십 년에 걸친 암석과 모래 채취로 아름다운 선유봉은 본래의 자취를 찾을 수 없는 조그마한 섬으로 전락하고 말았습니다. 그 후 영등포 정수장으로 사용되다가 정수장이 쥐봉 아래로 옮겨

감에 따라 지금은 선유도 생태공원으로 탈바꿈하였습니다.

광주바위에 깃든 한성백제의 흔적

쥐봉은 안양천이 한강과 만나는 곳에 있으며, 괭이봉(선유봉)과 대칭 되는 이름을 갖고 있습니다. 먹이를 앞에 두고 있던 쥐가 금방이라도 도 망갈 것 같은 모양을 하고 있다고 쥐봉이라고 불렀습니다. 조선 숙종 때 첨중추부사 강효직에게 사패지賜牌地로 하사함으로써, 진주 강씨의 묘역 이 되어 오늘에 이르고 있으며, 쥐봉의 남쪽 기슭에는 인공폭포가 조성 되어 있습니다.

증미산은 염창동 끝자락에 솟아 있는 시루같이 생긴 돌산으로 달리 군자봉이라고도 부릅니다. 서쪽의 탑산을 중심으로 형성된 가양동과 동 쪽의 쥐봉을 중심으로 형성된 염창동을 나누는 경계 역할을 하며, 서해 염전에서 생산된 천일염을 한양에 공급하기 위해 배로 싣고 올라와 도성 으로 옮기기 전까지 보관하던 소금창고鹽倉가 있었습니다. 염창동이란 지 명은 여기서 유래된 것입니다.

탑산은 양화나루보다 더 하류에 위치한 공암나루에 있는 산입니다. 나루에 있는 산이라고 진산津山이라고도 하며, 산에 오래된 탑이 있어 탑 산이라고도 불렀습니다. 탑은 한국전쟁 때 소실되어 지금은 흔적조차 찾 을 수 없습니다.

탑산 아래에는 자연동굴처럼 생긴 구멍 뚫린 바위가 있는데, '구멍 난 바위'라고 구멍바위孔岩라고 부릅니다. 일설에는 양천 허씨의 시조 허 선문이 태어났다는 이야기가 전해져 오고 있어, 허가바위라고도 합니다.

소금창고가 있던 염창동 끝자락의 증미산.

이러한 설화 때문에 이곳을 양천 허씨의 발상지로 일컫기도 합니다.

공암나루孔岩津라는 지명도 '구멍 뚫린 바위'에서 유래된 것입니다. 탑산 바로 옆 강물 속에 서 있는 두 개의 바위는 경기도 광주 땅에 있던 것이 큰 홍수로 떠 내려와 공암나루 근처에 머물게 되었다는 설화가 전해집니다. 그 같은 연유로 광주바위廣州岩라고 부르기도 하고 달리 광제바위廣濟岩라고도 부릅니다. 그 뜻을 새겨보면 한강변에 도읍을 정한 한성백제가 한강의 물길을 장악하려는 의지가 깃들어 있다고 보입니다.

천하의 보물 허준의 《동의보감》

허준은 양천 허씨로 양반 가문의 서자로 태어났습니다. 서얼이라는

탑산의 탑과 그 아래 공암을 그린 겸재의 그림. 물 속의 바위는 광주바위.

광주바위의 현재 모습.

공암나루 터에 세워진
표지석.

양천 허씨의 시조가 태어났다는
전설이 깃들어 있는 허가바위(공암).

출신성분을 극복하며 출세의 길로 접어든 계기는 조선시대 개인의 일기로는 가장 방대하며 사료적 가치도 높은 《미암일기眉巖日記》를 저술한 선조 때의 미암 유희춘의 얼굴에 생긴 종기를 완치시킨 일이었습니다. 허준을 신임한 유희춘이 이조판서에게 천거하여 내의원 의원이 되는데, 2년 후에는 종4품의 내의원 첨정의 자리에 오릅니다. 당시 의과를 장원급제하면 종8품의 관직이 주어졌다고 하니, 서자 출신의 허준이 얼마나 파격적인 승진을 하였는지 짐작할 수 있을 것입니다.

그 이후 한동안 주목받지 못하다가 당시 왕자였던 광해군의 두창(천연두)을 고치자, 선조는 정3품 당상관인 통정대부의 벼슬을 내렸고, 임진왜란 중에 다시 광해군의 병을 고쳐 양반 중의 문관文官을 뜻하는 동반東班에 올라 명실상부한 양반이 되었습니다.

임진왜란이 끝나자 선조는 피난길을 끝까지 함께한 호종공신扈從功臣 열일곱 명 중의 하나인 허준에게 다시 종1품 숭록대부의 벼슬을 내렸습니다. 대간들의 반대 상소로 하는 수 없이 보류하였지만, 세상을 뜬 후 허준은 보국숭록대부에 추증되었습니다.

1608년 선조가 승하하자 선조의 지나친 총애를 시기하던 신료들이 책임 어의御醫로서의 죄를 물어 의주로 유배되었지만, 곧바로 풀려나 광해군의 어의로서 총애를 받았습니다. 그는 이때 많은 의서들을 집필하였는데, 대표적인 것이 《동의보감》입니다.

1610년에 완성된 《동의보감》은 총 25권 25책으로 당시 국내 의서인 《의방유취》, 《향약집성방》, 《의림촬요》를 비롯하여 중국의 의서 86종을 참고하여 편찬한 것입니다. 내경內景, 외형外形, 잡병雜病, 탕액湯液, 침구鍼灸 등 5편으로 구성된 백과전서로서 오늘날까지도 애용되고 있습니다.

더욱이 일본과 중국까지 전해져 중국판 서문에는 '천하의 보물을 천

양천 고을의 읍치구역이었던 궁산. 뒤쪽 산은 봉수대가 있던 개화산.

하와 함께한 것'이라 하였고, 일본판 발문에서는 '보민保民의 단경丹經이요 의가醫家의 비급'이라고 그 가치를 높이 평가하였습니다. 《동의보감》은 보물로 지정되었을 뿐 아니라, 2009년 유네스코 세계기록유산으로 등재되었습니다. 이러한 업적을 기리기 위해 탑산 아래 그의 호를 딴 구암공원이 조성되고 허준기념관이 세워졌습니다.

서울에 유일하게 남아 있는 양천향교

궁산宮山은 파산巴山, 성산城山, 관산關山, 진산鎭山으로도 불리는데, 산이 담당한 다양한 역할 때문에 여러 이름이 붙여진 것 같습니다.

궁산에서 바라본 행주산성.

궁산은 공자를 배향하는 양천향교가 있는 곳으로 공자를 숭배하는 의미로 궁산이라 했던 것입니다. 파산은 삼국시대 이곳의 지명이 재차 파의齊次巴衣인 데서 유래하였으며, 재차齊次는 갯가, 파의巴衣는 바위로 '갯가에 바위가 있는 곳'이란 뜻입니다. 양천 고을의 옛 이름을 파릉巴陵이라 한 것도 여기에서 유래된 것입니다.

성산은 산 위에 삼국시대에 쌓은 옛 성터가 남아 있어 생긴 이름입니다. 이 산성은 강 건너 고구려의 행주산성과 마주보며 대치하던 한성백제의 산성으로, 행주산성, 파주 오두산성과 함께 삼국시대 한강 하구의 중요한 전략적 요충지였습니다. 임진왜란 때는 권율 장군이 이곳에 진을 치고 있다가 행주산성으로 옮겨서 행주대첩의 위업을 이룬 곳입니다.

그러나 성산은 안타깝게도 일제 때 김포비행장 개설공사로 일본군

서울에서 유일하게 남아 있는 양천향교.

이 주둔한 이래 한국전쟁 때는 미군이 주둔하고, 그 후에는 국군이 주둔
함으로써 원형이 철저히 훼손되고 말았습니다. 지금은 옛 성터의 흔적인
적심석積心石과 그 당시의 것으로 보이는 약간의 석재만이 남아 있을 뿐입
니다.

　관산은 한강을 지키는 빗장의 역할을 했다고 '빗장 관關'자를 붙여 부
른 것이며, 다른 한편 양천 고을의 읍치구역으로 관치시설들이 들어서
있었기 때문에 진산이라고도 일컬었습니다. 이렇듯 다양한 이름에도 불
구하고 표준 명칭은 궁산으로 불립니다.

　궁산 아래 있던 읍치구역에는 관아 터가 남아 있고, 궁산에 기대어
양천향교가 복원되어 있습니다. 양천향교는 전국 234개 향교 중에서
서울에 있는 유일한 향교입니다. 1411년(태종 12)에 창건된 것을 지난
1981년에 전면 복원하여 대성전, 명륜당, 전사청, 동재, 서재, 내삼문,

외삼문과 부속건물 등 8동의 규모를 갖추고 있습니다.

한강변의 아름다운 풍광을 그림으로 남긴 겸재 정선

한강 주변에는 아름다운 풍광을 감상하기 위해 많은 정자가 지어졌는데, 그중에서도 중국 동정호의 악양루에서 바라보는 경치에 버금간다고 붙여진 악양루라는 정자가 제일 유명하였습니다. 영조 때 이유는 악양루 옛 터에 '다시 지은 작은 악양루'라는 뜻의 소악루小岳樓를 짓고 명사들과 풍류를 즐겼고, 겸재 정선은 양천현감으로 부임한 뒤 자주 이곳에 올라 한강변의 아름다운 풍광을 그림에 담았습니다. 겸재가 남긴 그림들은 한강변의 옛 모습을 전해주는 중요한 자료입니다.

소악루에 불어오는 맑은 바람岳樓淸風, 양화강의 고기잡이 불楊江漁火, 목멱산의 해돋이木覓朝暾, 계양산의 낙조桂陽落照, 행주로 돌아오는 고깃배幸州歸帆, 개화산의 저녁 봉화開花夕烽, 겨울 저녁 산사에서 들려오는 종소리寒山暮鐘, 안양천에 졸고 있는 갈매기二水鷗眠는 양천 고을의 팔경인 파릉팔경巴陵八景입니다.

겸재 정선은 조선의 고유한 특성을 마음껏 드러낸 문화 절정기인 진경시대에 우리 고유화법을 창안하여 그린 진경산수화의 완성자입니다.

진경시대는 숙종, 영조, 정조에 이르는 125년간의 기간으로, 조선이 개국이념으로 삼은 주자성리학이 조선성리학이라는 새로운 이념으로 거듭나는 시기를 일컫습니다. 중국문화를 맹목적으로 추종하던 관례를 깨고 조선의 고유하고 독특한 문화가 새롭게 형성되는데, 회화에서는 '진경산수화풍' 글씨에서는 '동국진체東國眞體' 시문에서는 정조의 문체반

소악루에서 바라본 한강과 북한산 연봉.

궁산 자락의 소악루.

이야기가 있는 서울 길

정을 불러온 '신체문新體文'이 유행하게 됩니다.

정선은 1740년 양천현감으로 부임하면서 당시 진경시眞景詩의 태두 이병연의 시문과 자신의 그림을 바꿔보자고 약속하고 한강 주변의 많은 풍광들을 그렸습니다. 이병연은 목멱산의 아침 해돋이를 그린 〈목멱조돈〉에 대한 화답으로 시를 짓고, 안산의 봉화대를 바라보고 있을 정선을 생각하며 〈안현석봉鞍峴夕烽〉이라는 시도 짓습니다. 정선과 이병연은 진경 시문학의 기틀을 마련한 삼연 김창흡의 문하에서 함께 수학한 동료이기도 합니다.

정선이 남긴 진경산수에는 방방곡곡의 경승지가 두루 담겨 있습니다. 간송미술관 한국민족미술연구소장으로 오랫동안 정선을 연구해 온 최완수 선생은 정선의 진경산수를 지역에 따라 크게 다섯으로 분류하고 있습니다. 우리 민족의 영산인 금강산과 옹천, 총석정, 통천 등 동해 바다 주변을 그린 '동해승경東海勝景', 한강 가에 배를 띄우고 바라본 풍경들을 그린 '한수주유漢水舟遊', 인왕산 등 한양의 명승을 담은 '한양탐승漢陽探勝', 한양 바깥의 명승지를 그린 '경외가경京外佳景' 등이 그것입니다.

정선은 백악 아래 지금의 경복고등학교 주변인 유란동에 살면서 인근에 기거하던 안동 김씨 명문가인 김창협, 김창흡, 김창업의 문하에 드나들면서 성리학과 시문을 수업 받았습니다. 그들은 정선이 그림을 그릴 수 있도록 후원해 주었으며, 그에 대한 감사의 뜻으로 정선은 안동 김씨의 주거지 그림인 〈청풍계淸風溪〉를 여러 번 그렸습니다.

정선의 관직 진출은 40대 이후였습니다. 1721년(경종 1) 46세 때 경상도 하양 현감을 맡아 5년간 근무한 후 1726년(영조 2) 임기를 마쳤는데, 이때의 작품으로 성주 관아의 정자를 그린 〈쌍도정도雙島亭圖〉가 전합니다.

겸재의 그림 〈목멱조돈〉. 목멱산의 해돋이를 그렸다.

1727년 정선은 북악산 서쪽의 유란동 집을 작은아들에게 물려주고, 인왕산 동쪽 기슭인 인왕곡으로 이사합니다. 그는 84세로 생을 마칠 때까지 그곳에서 살았으며, 대표작 〈인곡유거仁谷幽居〉는 그곳에서 유유자적 살아가는 자신의 모습을 자화상처럼 그린 그림입니다.

예술에 상당한 조예를 지니고 있던 영조는 정선을 각별히 총애하였습니다. 영조는 정선의 이름을 부르지 않고 꼭 호를 부를 정도로 그의 재능을 아끼고 존중했습니다. 그들의 친밀한 관계는 영조 대에 정선이 여러 관직을 지낸 것으로 증명됩니다. 정선은 1729년 처음으로 영조의 부름을 받아 한성부 주부가 되었고, 1733년에는 청하 현감에 임명되었습니다. 〈청하성읍도〉, 〈내연산삼용추內延山三龍湫〉 등은 이때 그린 그림입니

소악루에서 바라본 목멱산.

겸재가 그림으로 남긴 양천현 관아의 모습.

다. 영조는 정선보다 18년 연하였지만 83세까지 장수하면서 정선과 60년 가까운 시간을 함께 했습니다.

정선은 65세 노년의 나이에 지금은 서울에 편입된 경기도 양천 현감을 맡아 5년간 그 자리에 있었습니다. 이때 서울 근교의 명승들과 한강변의 풍경들이 그의 화폭에 담기게 됩니다. 〈금강전도金剛全圖〉, 〈인왕제색도仁王霽色圖〉 등의 명작은 양천 현감을 그만둔 뒤 그린 그림입니다.

개화산은 달리 주룡산으로도 불리는데, 그 모양이 코끼리를 닮았습니다. 강 건너에 자리한 덕양산(행주산성)은 흔히들 사자 모양을 닮았다고 합니다. 사자와 코끼리가 한강 하류 양쪽에 포진하여 서해안을 통해 들어오는 액운을 막고 한양에서 흘러나오는 재물을 걸러내는 형국의 이 곳 지세를 사상지형獅象之形이라고 일컫습니다. 조선시대에는 전라도와 충청도를 거쳐 온 봉수를 받아 목멱산의 경봉수에 전달하는 봉수대가 이 곳 개화산 정상에 있었습니다. 봉수대의 자취는 한국전쟁 때 미군이 주 둔하면서 흔적 없이 사라졌고, 지금껏 군사시설이 산 정상에 들어서 있 어 출입이 금지되고 있습니다.

이미지 출처